目　次

第1章　数列

第2章　確率分布と統計的な推測

問題数

例(TRY) …… 65(4)　　確認問題 …… 39
練習問題(TRY) …… 70(4)　　TRY PLUS …… 3

JN060053

1 数列と一般項，等差数列（1）

⇨教 p.4〜p.7

1 数列

ある規則に従って並べられた数の列を 数列 という。
数列を構成する各数を 項 といい，最初の項を 初項，n 番目の項を 第 n 項 という。
数列は a_1，a_2，a_3，……，a_n，…… のように書き，これを $\{a_n\}$ と表す。
数列 $\{a_n\}$ の第 n 項 a_n が n の式で表されるとき，これを数列 $\{a_n\}$ の 一般項 という。

2 有限数列と無限数列

項の個数が有限個である数列を 有限数列 といい，項が限りなく続く数列を 無限数列 という。
有限数列において，項の個数を 項数，最後の項を 末項 という。

3 等差数列

ある数 a につぎつぎと一定の数 d を加えて得られる数列を 等差数列 といい，a を 初項，d を 公差 という。

$a,\ a+d,\ a+2d,\ a+3d,\ a+4d,\ \cdots$（隣り合う項の間：$+d$，$+d$，$+d$，$+d$）

数列 $\{a_n\}$ が等差数列 $\iff$ $a_{n+1}-a_n=d$ （一定）

4 等差数列の一般項

初項 a，公差 d の等差数列 $\{a_n\}$ の一般項は

$$a_n=a+(n-1)d$$

例 1 数列 $\{a_n\}$ の一般項が $a_n=2n+3$ で表されるとき，初項から第 4 項までを求めてみよう。

初項は $a_1=2\times1+3=$ $\boxed{\text{ア}}$　　第 2 項は $a_2=2\times2+3=$ $\boxed{\text{イ}}$

第 3 項は $a_3=2\times3+3=$ $\boxed{\text{ウ}}$　　第 4 項は $a_4=2\times4+3=$ $\boxed{\text{エ}}$

例 2 正の 5 の倍数を小さい方から順に並べた数列 5，10，15，20，…… の一般項 a_n を n の式で表してみよう。

$a_1=5\times1$，$a_2=5\times2$，$a_3=5\times3$，$a_4=5\times4$，……

であるから　$a_n=$ $\boxed{\text{ア}}$

例 3 次の等差数列について，初項と公差を求めてみよう。

(1) 正の偶数の数列 2，4，6，8，…… は等差数列であり，初項は $\boxed{\text{ア}}$，公差は $\boxed{\text{イ}}$

(2) 等差数列 13，8，3，-2，…… の初項は $\boxed{\text{ウ}}$，公差は $\boxed{\text{エ}}$

例 4 初項 2，公差 7 の等差数列 $\{a_n\}$ の一般項を求めてみよう。また，第 10 項を求めてみよう。

初項 2，公差 7 の等差数列 $\{a_n\}$ の一般項は

$a_n=2+(n-1)\times7=$ $\boxed{\text{ア}}$

また，第 10 項は　$a_{10}=7\times10-5=$ $\boxed{\text{イ}}$　　⬅ $n=10$ を代入

練　習　問　題

1　数列 $\{a_n\}$ の一般項が $a_n = n^2 - 2$ で表されるとき，初項から第 4 項までを求めよ。

◀ 例 1

2　正の 3 の倍数を小さい方から順に並べた数列　3，6，9，12，……　の一般項 a_n を n の式で表せ。　◀ 例 2

3　次の等差数列について，初項と公差を求めよ。　◀ 例 3

*(1)　1，5，9，13，……

(2)　8，5，2，-1，……

*(3)　-12，-7，-2，3，……

(4)　1，$-\frac{1}{3}$，$-\frac{5}{3}$，$-\frac{9}{3}$，……

4　次の等差数列 $\{a_n\}$ の一般項を求めよ。また，第 10 項を求めよ。　◀ 例 4

*(1)　初項 3，公差 2

*(2)　初項 10，公差 -3

(3)　初項 1，公差 $\frac{1}{2}$

(4)　初項 -2，公差 $-\frac{1}{2}$

2 等差数列 (2)

⇨教 p.8〜p.9

1 等差数列の一般項

初項 a，公差 d の等差数列 $\{a_n\}$ の一般項は

$$a_n = a + (n-1)d$$

例 5 初項 3，公差 4 の等差数列 $\{a_n\}$ について，75 は第何項になるか求めてみよう。

この等差数列 $\{a_n\}$ の一般項は

$$a_n = 3 + (n-1) \times 4 = 4n - 1$$

← $a_n = a + (n-1)d$ において $a = 3$，$d = 4$

よって，第 n 項が 75 であるとき

$$4n - 1 = 75$$

より　$n =$ ア［　　］

したがって，75 は第 ア［　　］ 項である。

例 6 第 2 項が 3，第 7 項が -27 である等差数列 $\{a_n\}$ の一般項を求めてみよう。

この等差数列 $\{a_n\}$ の初項を a，公差を d とすると，一般項は

$$a_n = a + (n-1)d$$

第 2 項が 3 であるから

$$a_2 = a + d = 3 \quad \cdots\cdots ①$$

第 7 項が -27 であるから

$$a_7 = a + 6d = -27 \quad \cdots\cdots ②$$

①，②より　$a = 9$，$d = -6$

よって，求める一般項は　$a_n = 9 + (n-1) \times (-6)$

すなわち　$a_n =$ ア［　　］

例 7 初項 85，公差 -4 の等差数列 $\{a_n\}$ について，初めて負となる項は第何項か求めてみよう。

この等差数列 $\{a_n\}$ の一般項は

$$a_n = 85 + (n-1) \times (-4) = -4n + 89$$

よって，$-4n + 89 < 0$ となるのは

← $a_n < 0$

$$n > \frac{89}{4} = 22.25$$

n は自然数であるから　$n \geqq$ ア［　　］

したがって，初めて負となる項は第 ア［　　］ 項である。

練習問題

5 次の問いに答えよ。 ◀例 5

*(1) 初項 1，公差 3 の等差数列 $\{a_n\}$ について，94 は第何項か。

(2) 初項 50，公差 -7 の等差数列 $\{a_n\}$ について，-83 は第何項か。

6 次の等差数列 $\{a_n\}$ の一般項を求めよ。 ◀例 6

*(1) 第 5 項が 7，第 13 項が 63

*(2) 第 3 項が 14，第 7 項が 2

7 次の問いに答えよ。 ◀例 7

*(1) 初項 200，公差 -3 の等差数列 $\{a_n\}$ について，初めて負となる項は第何項か。

(2) 初項 5，公差 3 の等差数列 $\{a_n\}$ について，初めて 1000 を超える項は第何項か。

3 等差数列の和

⇨教 p.10〜p.12

1 等差数列の和

等差数列の初項から第 n 項までの和を S_n とすると

[1] 初項 a，末項 l のとき　$S_n=\frac{1}{2}n(a+l)$

[2] 初項 a，公差 d のとき　$S_n=\frac{1}{2}n\{2a+(n-1)d\}$

2 自然数の和・奇数の和

自然数の和　$1+2+3+\cdots\cdots+n=\frac{1}{2}n(n+1)$

奇数の和　$1+3+5+\cdots\cdots+(2n-1)=n^2$

例 8　次の等差数列の和を求めてみよう。

(1) 初項 3，末項 48，項数 10 の等差数列の和 S_{10} は

$$S_{10}=\frac{1}{2}\times 10\times(3+48)=\text{ア}\square$$

← $S_n=\frac{1}{2}n(a+l)$

(2) 初項 4，公差 6，項数 7 の等差数列の和 S_7 は

$$S_7=\frac{1}{2}\times 7\times\{2\times 4+(7-1)\times 6\}=\text{イ}\square$$

← $S_n=\frac{1}{2}n\{2a+(n-1)d\}$

例 9　等差数列　1，7，13，19，……，91　の和 S を求めてみよう。

与えられた等差数列の初項は 1，公差は 6 である。

よって，91 を第 n 項とすると

$$1+(n-1)\times 6=91$$

← $a_n=a+(n-1)d$

これを解くと　$n=16$

したがって，求める和 S は

$$S=\frac{1}{2}\times 16\times(1+91)=\text{ア}\square$$

← $S_n=\frac{1}{2}n(a+l)$

例 10　次の和を求めてみよう。

(1) $1+2+3+\cdots\cdots+40=\frac{1}{2}\times 40\times(40+1)=\text{ア}\square$

(2) $1+3+5+\cdots\cdots+49$

n 番目の奇数は $2n-1$ と表される。

$2n-1=49$ とおくと，$n=25$ であるから

$$1+3+5+\cdots\cdots+49=25^2=\text{イ}\square$$

練習問題

8 次の等差数列の和を求めよ。 ◀例 8 (1)

*(1) 初項 200，末項 10，項数 20

(2) 初項 11，末項 83，項数 13

9 次の等差数列の和を求めよ。 ◀例 8 (2)

*(1) 初項 -4，公差 3，項数 12

(2) 初項 10，公差 -4，項数 13

10 次の等差数列の和 S を求めよ。 ◀例 9

(1) 3，7，11，15，……，79

*(2) -8，-5，-2，……，70

*(3) 初項 48，公差 -7，末項 -78

(4) 初項 $\frac{3}{2}$，公差 $-\frac{1}{3}$，末項 $-\frac{11}{6}$

11 次の和を求めよ。 ◀例 10

*(1) $1+2+3+\cdots\cdots+60$

*(2) $1+3+5+\cdots\cdots+39$

4 等比数列

⇨教 p.13〜p.15

1 等比数列

ある数 a につぎつぎと一定の数 r を掛けて得られる数列を 等比数列 といい，a を 初項，r を 公比 という。

数列 $\{a_n\}$ が等比数列 $\iff$ $\dfrac{a_{n+1}}{a_n} = r$ （ただし，$a_1 \neq 0$，$r \neq 0$）

2 等比数列の一般項

初項 a，公比 r の等比数列 $\{a_n\}$ の一般項は

$a_n = ar^{n-1}$

例 11

次の等比数列について，初項と公比を求めてみよう。

(1) 等比数列　1，3，9，27，……　の初項は ア［　　］，公比は イ［　　］

(2) 等比数列　2，-4，8，-16，……　の初項は ウ［　　］，公比は エ［　　］

例 12

次の等比数列 $\{a_n\}$ の一般項を求めてみよう。また，第 5 項を求めてみよう。

(1) 初項 5，公比 3 の等比数列 $\{a_n\}$ の一般項は

$a_n =$ ア［　　］

また，第 5 項は　$a_5 = 5 \times 3^{5-1} = 5 \times 3^4 =$ イ［　　］

(2) 初項 -3，公比 -4 の等比数列 $\{a_n\}$ の一般項は

$a_n =$ ウ［　　］

また，第 5 項は　$a_5 = -3 \times (-4)^{5-1} = -3 \times (-4)^4 =$ エ［　　］

例 13

第 2 項が 8，第 4 項が 128 の等比数列 $\{a_n\}$ の一般項を求めてみよう。

この等比数列 $\{a_n\}$ の初項を a，公比を r とすると，一般項は

$a_n = ar^{n-1}$

第 2 項が 8 であるから　$a_2 = ar = 8$　……①

第 4 項が 128 であるから　$a_4 = ar^3 = 128$　……②

②より　$ar \times r^2 = 128$

①を代入すると　$8 \times r^2 = 128$

よって，$r^2 = 16$ より　$r = \pm 4$

← $\dfrac{ar^3}{ar} = r^2$，$\dfrac{128}{8} = 16$

①より $r = 4$ のとき　$4a = 8$ より　$a = 2$

$r = -4$ のとき　$-4a = 8$ より　$a = -2$

したがって，求める一般項は

$a_n =$ ア［　　］　または　$a_n =$ イ［　　］

練 習 問 題

12 次の等比数列について，初項と公比を求めよ。 ◀例 11

*(1) $3,\ 6,\ 12,\ 24,\ \cdots\cdots$

*(2) $2,\ \dfrac{4}{5},\ \dfrac{8}{25},\ \dfrac{16}{125},\ \cdots\cdots$

(3) $2,\ -6,\ 18,\ -54,\ \cdots\cdots$

(4) $4,\ 4\sqrt{3},\ 12,\ 12\sqrt{3},\ \cdots\cdots$

13 次の等比数列 $\{a_n\}$ の一般項を求めよ。また，第 5 項を求めよ。 ◀例 12

*(1) 初項 4，公比 3

*(2) 初項 4，公比 $-\dfrac{1}{3}$

(3) 初項 -1，公比 -2

(4) 初項 5，公比 $-\sqrt{2}$

14 次の等比数列 $\{a_n\}$ の一般項を求めよ。 ◀例 13

*(1) 第 3 項が 12，第 5 項が 48

(2) 第 2 項が 6，第 5 項が 48

5 等比数列の和

⇨教 p.16〜p.17

1 等比数列の和

初項 a，公比 r の等比数列の初項から第 n 項までの和 S_n は

$r \neq 1$ のとき　$S_n = \dfrac{a(1-r^n)}{1-r} = \dfrac{a(r^n-1)}{r-1}$

$r = 1$ のとき　$S_n = na$

例 14 初項 4，公比 2 の等比数列の初項から第 5 項までの和 S_5 を求めてみよう。

$$S_5 = \frac{4(2^5-1)}{2-1} = 4(32-1) = {}^{ア}\boxed{}$$

← $S_n = \dfrac{a(r^n-1)}{r-1}$

例 15 次の等比数列の初項から第 n 項までの和 S_n を求めてみよう。

(1) 等比数列　6，18，54，162，……

初項が 6，公比が 3 であるから

$$S_n = \frac{6(3^n-1)}{3-1} = {}^{ア}\boxed{}$$

← $S_n = \dfrac{a(r^n-1)}{r-1}$

(2) 等比数列　1，-4，16，-64，……

初項が 1，公比が -4 であるから

$$S_n = \frac{1 \times \{1-(-4)^n\}}{1-(-4)} = {}^{イ}\boxed{}$$

← $S_n = \dfrac{a(1-r^n)}{1-r}$

TRY

例 16 初項から第 3 項までの和 S_3 が 26，初項から第 6 項までの和 S_6 が 728 である等比数列の初項 a と公比 r を求めてみよう。ただし，公比は 1 でない実数とする。

$S_3 = 26$ より　$\dfrac{a(r^3-1)}{r-1} = 26$　……①

$S_6 = 728$ より　$\dfrac{a(r^6-1)}{r-1} = 728$　……②

②より　$\dfrac{a(r^3+1)(r^3-1)}{r-1} = 728$

← $r^6-1 = (r^3)^2-1^2$
$= (r^3+1)(r^3-1)$

①を代入すると　$26(r^3+1) = 728$

よって　$r^3 = 27$

← $r^3 = \dfrac{728}{26} - 1 = 28-1$

r は実数であるから　$r = {}^{ア}\boxed{}$

$r = {}^{ア}\boxed{}$ を①に代入すると　$a = {}^{イ}\boxed{}$

したがって，初項は $a = {}^{イ}\boxed{}$，公比は $r = {}^{ア}\boxed{}$

練　習　問　題

15　次の等比数列の初項から第 6 項までの和を求めよ。　◀ 例 14

*(1)　初項 1,　公比 3

*(2)　初項 2,　公比 -2

(3)　初項 4,　公比 $\frac{3}{2}$

(4)　初項 -1,　公比 $-\frac{1}{3}$

16　次の等比数列の初項から第 n 項までの和 S_n を求めよ。　◀ 例 15

(1)　1,　3,　9,　27,　……

*(2)　2,　-4,　8,　-16,　……

(3)　81,　54,　36,　24,　……

*(4)　8,　12,　18,　27,　……

TRY
17　初項から第 3 項までの和 S_3 が 5,　初項から第 6 項までの和 S_6 が 45 である等比数列の初項 a と公比 r を求めよ。ただし，公比は 1 でない実数とする。　◀ 例 16

確認問題 1

1 次の等差数列 $\{a_n\}$ の一般項を求めよ。また，第 10 項を求めよ。

(1) 初項 -5，公差 4

(2) 7，5，3，1，……

2 第 2 項が 19，第 10 項が -5 である等差数列 $\{a_n\}$ の一般項を求めよ。

3 初項 77，公差 -4 の等差数列 $\{a_n\}$ について，初めて負となる項は第何項か。

4 次の等差数列の和を求めよ。

(1) 初項 6，末項 51，項数 10

(2) 初項 -10，公差 3，項数 15

5 等差数列　8，2，-4，-10，……，-82　の和 S を求めよ。

6 次の和を求めよ。

(1) $1+2+3+\cdots\cdots+200$　　(2) $1+3+5+\cdots\cdots+99$

7 次の等比数列 $\{a_n\}$ の一般項を求めよ。また，第 5 項を求めよ。

(1) 初項 7，公比 4　　(2) -2，6，-18，54，……

8 第 4 項が -54，第 6 項が -486 の等比数列 $\{a_n\}$ の一般項を求めよ。

9 次の等比数列の初項から第 n 項までの和 S_n を求めよ。

(1) 1，5，25，125，……　　(2) 3，-6，12，-24，……

10 初項から第 3 項までの和 S_3 が 21，初項から第 6 項までの和 S_6 が -546 である等比数列の初項 a と公比 r を求めよ。ただし，公比は 1 でない実数とする。

6 数列の和と Σ 記号

⇨教 p.19〜p.21

1 自然数の 2 乗の和

$$1^2+2^2+3^2+\cdots\cdots+n^2=\frac{1}{6}n(n+1)(2n+1)$$

2 和の記号 Σ

$$\sum_{k=1}^{n}a_k=a_1+a_2+a_3+\cdots\cdots+a_n$$

3 和の公式

$\displaystyle\sum_{k=1}^{n}c=nc$（$c$ は定数）　とくに $\displaystyle\sum_{k=1}^{n}1=n$,　$\displaystyle\sum_{k=1}^{n}k=\frac{1}{2}n(n+1)$,　$\displaystyle\sum_{k=1}^{n}k^2=\frac{1}{6}n(n+1)(2n+1)$

4 等比数列の和

$\displaystyle\sum_{k=1}^{n}ar^{k-1}=\frac{a(1-r^n)}{1-r}=\frac{a(r^n-1)}{r-1}$　　ただし，$r\neq 1$

例 17　$1^2+2^2+3^2+\cdots\cdots+7^2$ を求めてみよう。

$$1^2+2^2+3^2+\cdots\cdots+7^2=\frac{1}{6}\times 7\times(7+1)\times(2\times 7+1)=\frac{1}{6}\times 7\times 8\times 15=^{ア}\square$$

例 18　次の和を，記号 Σ を用いずに表してみよう。

(1) $\displaystyle\sum_{k=1}^{5}(3k-2)=(3\cdot 1-2)+(3\cdot 2-2)+(3\cdot 3-2)+(3\cdot 4-2)+(3\cdot 5-2)$

$=1+4+{}^{ア}\square+{}^{イ}\square+{}^{ウ}\square$

(2) $\displaystyle\sum_{k=1}^{n}k^2=1^2+2^2+3^2+{}^{エ}\square+5^2+\cdots\cdots+{}^{オ}\square$

例 19　次の和を，記号 Σ を用いて表してみよう。

(1) $5+7+9+11+\cdots\cdots+(2n+3)=\displaystyle\sum_{k=1}^{n}({}^{ア}\square)$

← 第 k 項は $2k+3$

(2) $3+3^2+3^3+3^4+\cdots\cdots+3^9=\displaystyle\sum_{k=1}^{9}{}^{イ}\square$

例 20　次の和を求めてみよう。

(1) $\displaystyle\sum_{k=1}^{8}2=8\times 2={}^{ア}\square$　　(2) $\displaystyle\sum_{k=1}^{15}k=\frac{1}{2}\times 15\times(15+1)={}^{イ}\square$

(3) $\displaystyle\sum_{k=1}^{4}k^2=\frac{1}{6}\times 4\times(4+1)\times(2\times 4+1)={}^{ウ}\square$

例 21　次の和を求めてみよう。

(1) $\displaystyle\sum_{k=1}^{10}5\cdot 2^{k-1}=\frac{5(2^{10}-1)}{2-1}={}^{ア}\square$

← $2^{10}=1024$

(2) $\displaystyle\sum_{k=1}^{n}3^k=\sum_{k=1}^{n}3\cdot 3^{k-1}=\frac{3(3^n-1)}{3-1}={}^{イ}\square$

練習問題

18 次の和を求めよ。 ◀例 17

*(1) $1^2+2^2+3^2+\cdots\cdots+15^2$

(2) $1^2+2^2+3^2+\cdots\cdots+23^2$

19 次の和を，記号 Σ を用いずに表せ。 ◀例 18

*(1) $\displaystyle\sum_{k=1}^{5}(2k+1)$

(2) $\displaystyle\sum_{k=1}^{6}3^k$

*(3) $\displaystyle\sum_{k=1}^{n}(k+1)(k+2)$

(4) $\displaystyle\sum_{k=1}^{n-1}(k+2)^2$

20 次の和を，記号 Σ を用いて表せ。 ◀例 19

(1) $5+8+11+14+17+20+23+26$

(2) $4+4^2+4^3+\cdots\cdots+4^{10}$

21 次の和を求めよ。 ◀例 20

*(1) $\displaystyle\sum_{k=1}^{7}4$

*(2) $\displaystyle\sum_{k=1}^{12}k$

*(3) $\displaystyle\sum_{k=1}^{6}k^2$

(4) $\displaystyle\sum_{k=1}^{10}k^2$

22 次の和を求めよ。 ◀例 21

*(1) $\displaystyle\sum_{k=1}^{6}4\cdot3^{k-1}$

*(2) $\displaystyle\sum_{k=1}^{n}2^k$

7 記号 Σ の性質

⇨教 p.22〜p.23

1 Σ の性質

$$\sum_{k=1}^{n}(a_k+b_k)=\sum_{k=1}^{n}a_k+\sum_{k=1}^{n}b_k,\quad \sum_{k=1}^{n}ca_k=c\sum_{k=1}^{n}a_k \ (c \text{は定数})$$

例 22 次の和を求めてみよう。

(1) $\sum_{k=1}^{n}(4k+3)=4\sum_{k=1}^{n}k+\sum_{k=1}^{n}3$

$=4\times\frac{1}{2}n(n+1)+3n$

$=2n(n+1)+3n=$ ア[　　　　]

← $\sum_{k=1}^{n}k=\frac{1}{2}n(n+1)$

(2) $\sum_{k=1}^{n}(k-1)(k-3)=\sum_{k=1}^{n}(k^2-4k+3)$

$=\sum_{k=1}^{n}k^2-4\sum_{k=1}^{n}k+\sum_{k=1}^{n}3$

$=\frac{1}{6}n(n+1)(2n+1)-4\times\frac{1}{2}n(n+1)+3n$

$=\frac{1}{6}n\{(n+1)(2n+1)-12(n+1)+18\}$

$=\frac{1}{6}n(2n^2-9n+7)=$ イ[　　　　]

← $\sum_{k=1}^{n}k^2=\frac{1}{6}n(n+1)(2n+1)$

$\frac{1}{6}n$ でくくる

例 23 和 $\sum_{k=1}^{n-1}(6k-1)$ を求めてみよう。

$\sum_{k=1}^{n-1}(6k-1)=6\sum_{k=1}^{n-1}k-\sum_{k=1}^{n-1}1$

$=6\times\frac{1}{2}(n-1)\{(n-1)+1\}-(n-1)$

$=3(n-1)n-(n-1)=$ ア[　　　　]

← $\sum_{k=1}^{n}k=\frac{1}{2}n(n+1)$ より
$\sum_{k=1}^{n-1}k=\frac{1}{2}(n-1)\{(n-1)+1\}$

例 24 次の数列の初項から第 n 項までの和 S_n を求めてみよう。

$1\cdot3,\ 2\cdot5,\ 3\cdot7,\ 4\cdot9,\ \cdots\cdots$

この数列の第 k 項は　$k(2k+1)$

よって，求める和 S_n は

$S_n=\sum_{k=1}^{n}k(2k+1)=\sum_{k=1}^{n}(2k^2+k)=2\sum_{k=1}^{n}k^2+\sum_{k=1}^{n}k$

$=2\times\frac{1}{6}n(n+1)(2n+1)+\frac{1}{2}n(n+1)$

$=\frac{1}{6}n(n+1)\{2(2n+1)+3\}$

$=$ ア[　　　　]

1	2	3	……	k
↓	↓	↓		↓
← $1\cdot3$,	$2\cdot5$,	$3\cdot7$,	……,	$k(2k+1)$
↑	↑	↑		↑
3	5	7	……	$2k+1$

$\frac{1}{6}n(n+1)$ でくくる

練 習 問 題

23 次の和を求めよ。 ◀例 22

*(1) $\sum_{k=1}^{n}(2k-5)$

(2) $\sum_{k=1}^{n}(3k+4)$

*(3) $\sum_{k=1}^{n}(k^2-k-1)$

*(4) $\sum_{k=1}^{n}(3k+1)(k-1)$

24 次の和を求めよ。 ◀例 23

*(1) $\sum_{k=1}^{n-1}(2k+3)$

*(2) $\sum_{k=1}^{n-1}(k^2+3k+1)$

25 次の数列の初項から第 n 項までの和 S_n を求めよ。 ◀例 24

(1) $1\cdot5,\ 2\cdot8,\ 3\cdot11,\ \cdots\cdots$

*(2) $2\cdot3,\ 3\cdot4,\ 4\cdot5,\ \cdots\cdots$

8 階差数列

⇨教 p.24〜p.26

1 階差数列

数列 $\{a_n\}$ において，

$b_n = a_{n+1} - a_n$ $(n = 1,\ 2,\ 3,\ \cdots\cdots)$

を項とする数列 $\{b_n\}$ を，もとの数列 $\{a_n\}$ の 階差数列 という。

$a_1,\ a_2,\ a_3,\ \quad \cdots,\ \quad a_{n-1},\ a_n,\ a_{n+1},\ \cdots$

$b_1,\ b_2,\ \quad \cdots \quad \cdots,\ \quad b_{n-1},\ b_n,\ \cdots$

2 階差数列と一般項

数列 $\{a_n\}$ の階差数列を $\{b_n\}$ とすると，

$n \geqq 2$ のとき　$a_n = a_1 + (b_1 + b_2 + b_3 + \cdots\cdots + b_{n-1}) = a_1 + \sum_{k=1}^{n-1} b_k$

例 25　次の数列の階差数列 $\{b_n\}$ の一般項を求めてみよう。

(1)　数列　2，3，6，11，18，$\cdots\cdots$　の階差数列 $\{b_n\}$ は

ア［　　］，イ［　　］，ウ［　　］，エ［　　］，$\cdots\cdots$

となり，一般項 b_n は　　$b_n = 1 + (n-1) \times 2 =$ オ［　　］

(2)　数列　1，4，13，40，121，$\cdots\cdots$　の階差数列 $\{b_n\}$ は

カ［　　］，キ［　　］，ク［　　］，ケ［　　］，$\cdots\cdots$

となり，一般項 b_n は　　$b_n = 3 \times 3^{n-1} =$ コ［　　］

例 26　次の数列 $\{a_n\}$ の一般項を求めてみよう。

2，5，10，17，26，37，$\cdots\cdots$

数列 $\{a_n\}$ の階差数列 $\{b_n\}$ は

3，5，7，9，11，$\cdots\cdots$

← 初項 3，公差 2 の等差数列

となり，一般項 b_n は

$b_n = 3 + (n-1) \times 2 = 2n + 1$

ゆえに，$n \geqq 2$ のとき

$$a_n = a_1 + \sum_{k=1}^{n-1} b_k$$

$$= 2 + \sum_{k=1}^{n-1} (2k+1)$$

$$= 2 + 2\sum_{k=1}^{n-1} k + \sum_{k=1}^{n-1} 1$$

← $\sum_{k=1}^{n-1} k = \frac{1}{2}(n-1)n$，$\sum_{k=1}^{n-1} 1 = n - 1$

$$= 2 + 2 \times \frac{1}{2}(n-1)n + (n-1) = \text{ア［　　］}$$

ここで，$a_n =$ ア［　　］ に $n = 1$ を代入すると　$a_1 =$ イ［　　］

となるから，この式は $n = 1$ のときも成り立つ。

よって，求める一般項は　　$a_n =$ ア［　　］

練 習 問 題

26 次の数列の階差数列 $\{b_n\}$ の一般項を求めよ。 ◀例 25

(1) 2, 3, 5, 8, 12, 17, ……

*(2) 3, 5, 9, 15, 23, 33, ……

(3) 4, 9, 12, 13, 12, 9, ……

*(4) 1, 3, 7, 15, 31, 63, ……

(5) -6, -5, -2, 7, 34, ……

*(6) 5, 6, 3, 12, -15, ……

27 次の数列 $\{a_n\}$ の一般項を求めよ。 ◀例 26

*(1) 1, 3, 8, 16, 27, 41, ……

(2) -2, -1, 2, 11, 38, ……

9 数列の和と一般項

⇨教 p.27〜p.29

1 数列の和と一般項

数列 $\{a_n\}$ の初項から第 n 項までの和を S_n とすると，

初項 a_1 は　$a_1 = S_1$

$n \geqq 2$ のとき　$a_n = S_n - S_{n-1}$

2 いろいろな数列の和

$$\frac{1}{k(k+1)} = \frac{1}{k} - \frac{1}{k+1}$$

このように，1つの分数式を簡単な分数式の和や差の形に変形することを，部分分数に分解する という。

例 27　初項から第 n 項までの和 S_n が，$S_n = n^2 + 6n$ で与えられる数列 $\{a_n\}$ の一般項を求めてみよう。

初項 a_1 は　$a_1 = S_1 = 1^2 + 6 \times 1 = 7$

$n \geqq 2$ のとき　$a_n = S_n - S_{n-1}$

$= (n^2 + 6n) - \{(n-1)^2 + 6(n-1)\} =$ ア［　　　］

ここで，$a_n =$ ア［　　　］ に $n = 1$ を代入すると　$a_1 =$ イ［　　　］

となるから，この式は $n = 1$ のときも成り立つ。

よって，求める一般項は　$a_n =$ ア［　　　］

例 28　$\dfrac{1}{(2k-1)(2k+1)} = \dfrac{1}{2}\left(\dfrac{1}{2k-1} - \dfrac{1}{2k+1}\right)$ であることを用いて，次の和 S_n を求めてみよう。

$$S_n = \frac{1}{1\cdot 3} + \frac{1}{3\cdot 5} + \frac{1}{5\cdot 7} + \cdots\cdots + \frac{1}{(2n-1)(2n+1)}$$

$S_n = \dfrac{1}{1\cdot 3} + \dfrac{1}{3\cdot 5} + \dfrac{1}{5\cdot 7} + \cdots\cdots + \dfrac{1}{(2n-1)(2n+1)}$

$= \dfrac{1}{2}\left(\dfrac{1}{1} - \dfrac{1}{3}\right) + \dfrac{1}{2}\left(\dfrac{1}{3} - \dfrac{1}{5}\right) + \dfrac{1}{2}\left(\dfrac{1}{5} - \dfrac{1}{7}\right) + \cdots\cdots + \dfrac{1}{2}\left(\dfrac{1}{2n-1} - \dfrac{1}{2n+1}\right)$

$= \dfrac{1}{2}\left\{\left(\dfrac{1}{1} - \dfrac{1}{3}\right) + \left(\dfrac{1}{3} - \dfrac{1}{5}\right) + \left(\dfrac{1}{5} - \dfrac{1}{7}\right) + \cdots\cdots + \left(\dfrac{1}{2n-1} - \dfrac{1}{2n+1}\right)\right\}$

$= \dfrac{1}{2}\left(1 - \dfrac{1}{2n+1}\right)$

$=$ ア［　　　］

練習問題

28 初項から第 n 項までの和 S_n が，次の式で与えられる数列 $\{a_n\}$ の一般項を求めよ。

◀例 27

(1) $S_n = n^2 - 3n$

(2) $S_n = 3n^2 + 4n$

(3) $S_n = 3^n - 1$

(4) $S_n = 4^{n+1} - 4$

29 次の問いに答えよ。 ◀例 28

(1) $\dfrac{1}{(4k-3)(4k+1)} = \dfrac{1}{4}\left(\dfrac{1}{4k-3} - \dfrac{1}{4k+1}\right)$ であることを用いて，次の和 S_n を求めよ。

$$S_n = \frac{1}{1\cdot5} + \frac{1}{5\cdot9} + \frac{1}{9\cdot13} + \cdots\cdots + \frac{1}{(4n-3)(4n+1)}$$

(2) $\dfrac{1}{(3k-1)(3k+2)} = \dfrac{1}{3}\left(\dfrac{1}{3k-1} - \dfrac{1}{3k+2}\right)$ であることを用いて，次の和 S_n を求めよ。

$$S_n = \frac{1}{2\cdot5} + \frac{1}{5\cdot8} + \frac{1}{8\cdot11} + \cdots\cdots + \frac{1}{(3n-1)(3n+2)}$$

確認問題 2

1 次の和を求めよ。

(1) $\sum_{k=1}^{9} 5$

(2) $\sum_{k=1}^{14} k$

(3) $\sum_{k=1}^{16} k^2$

(4) $\sum_{k=1}^{8} 3\cdot 2^{k-1}$

(5) $\sum_{k=1}^{n} 6^k$

(6) $\sum_{k=1}^{n} (4k-3)$

(7) $\sum_{k=1}^{n} (2k^2-4k+3)$

(8) $\sum_{k=1}^{n-1} (k+1)(k-2)$

2 次の数列の初項から第 n 項までの和 S_n を求めよ。

$1\cdot 2,\ 3\cdot 5,\ 5\cdot 8,\ 7\cdot 11,\ \cdots\cdots$

3 次の数列 $\{a_n\}$ の一般項を求めよ。

(1) 1, 2, 7, 16, 29, ……

(2) -1, 1, 5, 13, 29, 61, ……

4 初項から第 n 項までの和 S_n が，$S_n=4n^2-5n$ で与えられる数列 $\{a_n\}$ の一般項を求めよ。

5 $\dfrac{1}{(5k-4)(5k+1)}=\dfrac{1}{5}\left(\dfrac{1}{5k-4}-\dfrac{1}{5k+1}\right)$ であることを用いて，次の和 S_n を求めよ。

$$S_n=\frac{1}{1\cdot 6}+\frac{1}{6\cdot 11}+\frac{1}{11\cdot 16}+\cdots\cdots+\frac{1}{(5n-4)(5n+1)}$$

10 漸化式 (1)

⇨教 p.32〜p.33

1 漸化式

数列 $\{a_n\}$ において，隣り合う項の間の関係式を数列 $\{a_n\}$ の 漸化式 という。

2 数列の漸化式と一般項

[1] 漸化式 $a_{n+1}=a_n+d$ で定められる数列
　　公差 d の等差数列　$a_n=a_1+(n-1)d$

[2] 漸化式 $a_{n+1}=ra_n$ で定められる数列
　　公比 r の等比数列　$a_n=a_1r^{n-1}$

[3] 漸化式 $a_{n+1}=a_n+b_n$ で定められる数列 $\{a_n\}$ は，$\{a_n\}$ の階差数列が $\{b_n\}$ より，
　$n \geqq 2$ のとき　$a_n=a_1+\sum_{k=1}^{n-1}b_k$

注 以下の漸化式は，$n=1,\ 2,\ 3,\ \cdots\cdots$ で成り立つものとする。

例 29

次の式で定められる数列 $\{a_n\}$ の第 2 項から第 5 項までを求めてみよう。

$$a_1=2, \quad a_{n+1}=3a_n+n$$

$a_2=3a_1+1=3\times2+1=7$

$a_3=3a_2+2=3\times7+2=23$

$a_4=3a_3+3=3\times23+3=72$

$a_5=3a_4+4=3\times72+4=$ ア［　　］

例 30

次の式で定められる数列 $\{a_n\}$ の一般項を求めてみよう。

(1) $a_1=1, \quad a_{n+1}=a_n+7$

数列 $\{a_n\}$ は，初項 1，公差 7 の等差数列であるから　$a_n=1+(n-1)\times7=$ ア［　　］

(2) $a_1=2, \quad a_{n+1}=2a_n$

数列 $\{a_n\}$ は，初項 2，公比 2 の等比数列であるから　$a_n=2\times2^{n-1}=$ イ［　　］

例 31

次の式で定められる数列 $\{a_n\}$ の一般項を求めてみよう。

$$a_1=3, \quad a_{n+1}=a_n+4n-1$$

$a_{n+1}-a_n=4n-1$ であるから，

数列 $\{a_n\}$ の階差数列を $\{b_n\}$ とすると　$b_n=4n-1$　　⇐ $b_n=a_{n+1}-a_n$

ゆえに，$n \geqq 2$ のとき　$a_n=a_1+\sum_{k=1}^{n-1}(4k-1)$　　⇐ $a_n=a_1+\sum_{k=1}^{n-1}b_k$

$=3+4\times\frac{1}{2}n(n-1)-(n-1)=$ ア［　　］

ここで，$a_n=$ ア［　　］ に $n=1$ を代入すると　$a_1=$ イ［　　］

となるから，この式は $n=1$ のときも成り立つ。

よって，求める一般項は　$a_n=$ ア［　　］

練習問題

30 次の式で定められる数列 $\{a_n\}$ の第 2 項から第 5 項までを求めよ。 ◀例 29

(1) $a_1=2,\quad a_{n+1}=a_n+3$

*(2) $a_1=3,\quad a_{n+1}=-2a_n$

*(3) $a_1=4,\quad a_{n+1}=2a_n+3$

*(4) $a_1=1,\quad a_{n+1}=na_n+n^2$

31 次の式で定められる数列 $\{a_n\}$ の一般項を求めよ。 ◀例 30

*(1) $a_1=2,\quad a_{n+1}=a_n+6$

(2) $a_1=15,\quad a_{n+1}=a_n-4$

*(3) $a_1=5,\quad a_{n+1}=3a_n$

(4) $a_1=8,\quad a_{n+1}=\frac{3}{2}a_n$

32 次の式で定められる数列 $\{a_n\}$ の一般項を求めよ。 ◀例 31

*(1) $a_1=1,\quad a_{n+1}=a_n+n^2$

*(2) $a_1=3,\quad a_{n+1}=a_n+3n+2$

11 漸化式 (2)

⇨教 p.34〜p.35

1 $a_{n+1}=pa_n+q$ の形の漸化式

漸化式 $a_{n+1}=pa_n+q$ $(p \neq 0,\ 1)$ で定められる数列 $\{a_n\}$ は，$a_{n+1}-\alpha=p(a_n-\alpha)$ と変形して

$a_n-\alpha=(a_1-\alpha)p^{n-1}$ （αは $\alpha=p\alpha+q$ の解）

例 32 次の漸化式を $a_{n+1}-\alpha=p(a_n-\alpha)$ の形に変形してみよう。

$a_{n+1}=6a_n-10$

$\alpha=6\alpha-10$ とおくと　$\alpha=2$

よって，与えられた漸化式は

$a_{n+1}-2=$ ア［　　　］

と変形できる。

⇐ $\begin{array}{r} a_{n+1}=6a_n-10 \\ -)\quad \alpha=6\alpha-10 \\ \hline a_{n+1}-\alpha=6(a_n-\alpha) \end{array}$

例 33 次の式で定められる数列 $\{a_n\}$ の一般項を求めてみよう。

$a_1=1,\quad a_{n+1}=3a_n+4$

与えられた漸化式を変形すると

$a_{n+1}+2=3(a_n+2)$

⇐ $\alpha=3\alpha+4$ より $\alpha=-2$

ここで，$b_n=a_n+2$ とおくと

$b_{n+1}=3b_n,\quad b_1=a_1+2=1+2=3$

よって，数列 $\{b_n\}$ は，初項 3，公比 3 の等比数列であるから

$b_n=3\cdot 3^{n-1}=3^n$

したがって，数列 $\{a_n\}$ の一般項は，$a_n=b_n-2$ より

$a_n=$ ア［　　　］

練 習 問 題

33 次の漸化式を，$a_{n+1}-\alpha=p(a_n-\alpha)$ の形に変形せよ。 ◀例 32

(1) $a_{n+1}=2a_n-1$　　　*(2) $a_{n+1}=-3a_n-8$

34 次の式で定められる数列 $\{a_n\}$ の一般項を求めよ。 ◀例 33

*(1) $a_1=2,\quad a_{n+1}=4a_n-3$

(2) $a_1=3,\quad a_{n+1}=3a_n+2$

(3) $a_1=3,\quad a_{n+1}=3a_n-2$

*(4) $a_1=5,\quad a_{n+1}=5a_n+8$

*(5) $a_1=1,\quad a_{n+1}=\frac{3}{4}a_n+1$

(6) $a_1=0,\quad a_{n+1}=1-\frac{1}{2}a_n$

12 数学的帰納法

⇨教 p.37〜p.39

1 数学的帰納法

自然数nに関する命題Pが，すべての自然数nについて成り立つことを証明するには，次の[I]，[II]を示せばよい。

[I]　$n=1$ のとき，Pが成り立つ。

[II]　$n=k$ のとき，Pが成り立つと仮定すると，$n=k+1$ のときもPが成り立つ。

例 34　すべての自然数nについて，次の等式が成り立つことを，数学的帰納法を用いて証明してみよう。

$$2+4+6+\cdots\cdots+2n=n(n+1) \qquad \cdots\cdots①$$

証明

[I]　$n=1$ のとき　　(左辺)$=2$，(右辺)$=1\cdot2=2$

よって，$n=1$ のとき，① は成り立つ。

[II]　$n=k$ のとき，① が成り立つと仮定すると

$2+4+6+\cdots\cdots+2k=k(k+1)$

この式を用いると，$n=k+1$ のときの ① の左辺は

$2+4+6+\cdots\cdots+2k+2(k+1)$

$=k(k+1)+2(k+1)=($ア$\boxed{})\{($ア$\boxed{})+1\}$

← ① の右辺で $n=k+1$ とした式

よって，$n=k+1$ のときも ① は成り立つ。

[I]，[II] から，すべての自然数nについて ① が成り立つ。　終

例 35　すべての自然数nについて，5^n-1 は 4 の倍数であることを，数学的帰納法を用いて証明してみよう。

証明

命題「5^n-1 は 4 の倍数である」を ① とする。

[I]　$n=1$ のとき，$5^1-1=4$

よって，$n=1$ のとき，① は成り立つ。

[II]　$n=k$ のとき，① が成り立つと仮定すると，

整数 m を用いて $5^k-1=4m$ と表される。

この式を用いると，$n=k+1$ のとき

$$5^{k+1}-1=5\cdot5^k-1$$
$$=5(4m+1)-1$$
$$=20m+4$$
$$=4(\text{ア}\boxed{})$$

← $5^k-1=4m$ より $5^k=4m+1$

ここで，$5m+1$ は整数であるから，$5^{k+1}-1$ は 4 の倍数である。

よって，$n=k+1$ のときも ① は成り立つ。

[I]，[II]から，すべての自然数nについて ① が成り立つ。　終

練 習 問 題

35 すべての自然数 n について，次の等式が成り立つことを，数学的帰納法を用いて証明せよ。 ◀例 34

*(1) $3+5+7+\cdots\cdots+(2n+1)=n(n+2)$

(2) $1+2+2^2+\cdots\cdots+2^{n-1}=2^n-1$

*(3) $1\cdot3+2\cdot4+3\cdot5+\cdots\cdots+n(n+2)=\frac{1}{6}n(n+1)(2n+7)$

36 すべての自然数 n について，6^n-1 は 5 の倍数であることを，数学的帰納法を用いて証明せよ。 ◀例 35

確認問題 3

1 次の式で定められる数列 $\{a_n\}$ の第 2 項から第 5 項までを求めよ。

(1) $a_1 = 4, \quad a_{n+1} = 2a_n - 5$

(2) $a_1 = 2, \quad a_{n+1} = -a_n + 3n$

2 次の式で定められる数列 $\{a_n\}$ の一般項を求めよ。

(1) $a_1 = -3, \quad a_{n+1} = a_n + 5$

(2) $a_1 = 3, \quad a_{n+1} = 4a_n$

3 次の式で定められる数列 $\{a_n\}$ の一般項を求めよ。

(1) $a_1 = 2, \quad a_{n+1} = a_n + 2n - 3$

(2) $a_1 = 7, \quad a_{n+1} = a_n + 6n^2 + 8n$

4 次の式で定められる数列 $\{a_n\}$ の一般項を求めよ。

(1) $a_1 = 3, \quad a_{n+1} = 4a_n - 6$

(2) $a_1 = -1, \quad a_{n+1} = 2a_n + 3$

5 すべての自然数 n について，次の等式が成り立つことを，数学的帰納法を用いて証明せよ。

$$4+6+8+\cdots\cdots+2(n+1)=n(n+3)$$

6 すべての自然数 n について，7^n+5 は 6 の倍数であることを，数学的帰納法を用いて証明せよ。

TRY PLUS

例題 1　和の計算の工夫

⇨教 p.29 応用例題 1

次の和 S_n を求めよ。

$$S_n = 3\cdot1 + 6\cdot4 + 9\cdot4^2 + 12\cdot4^3 + \cdots\cdots + 3n\cdot4^{n-1}$$

解　$S_n = 3\cdot1 + 6\cdot4 + 9\cdot4^2 + 12\cdot4^3 + \cdots\cdots + 3n\cdot4^{n-1}$　……①

において，① の両辺に 4 を掛けると

$4S_n = 3\cdot4 + 6\cdot4^2 + 9\cdot4^3 + \cdots\cdots + 3(n-1)\cdot4^{n-1} + 3n\cdot4^n$　……②

① − ② より

$$\begin{array}{rl} S_n = & 3\cdot1 + 6\cdot4 + 9\cdot4^2 + \cdots\cdots + 3n\cdot4^{n-1} \\ -)\ 4S_n = & \qquad 3\cdot4 + 6\cdot4^2 + \cdots\cdots + 3(n-1)\cdot4^{n-1} + 3n\cdot4^n \\ \hline -3S_n = & 3\cdot1 + 3\cdot4 + 3\cdot4^2 + \cdots\cdots + 3\cdot4^{n-1} \qquad -3n\cdot4^n \end{array}$$

$$-3S_n = 3\cdot1 + 3\cdot4 + 3\cdot4^2 + \cdots\cdots + 3\cdot4^{n-1} - 3n\cdot4^n$$

← 初項 3，公比 4，項数 n の等比数列の和

$$= \frac{3(4^n-1)}{4-1} - 3n\cdot4^n$$

$$= 4^n - 1 - 3n\cdot4^n = (1-3n)\cdot4^n - 1$$

よって　$S_n = \dfrac{(1-3n)\cdot4^n - 1}{-3}$

$$= \frac{(3n-1)\cdot4^n + 1}{3}$$

問 1　次の和 S_n を求めよ。

$$S_n = 2\cdot1 + 4\cdot3 + 6\cdot3^2 + 8\cdot3^3 + \cdots\cdots + 2n\cdot3^{n-1}$$

例題 2　不等式の証明

⇨教 p.40 応用例題 1

n が 3 以上の自然数のとき，次の不等式が成り立つことを，数学的帰納法を用いて証明せよ。

$3^n > 7n + 5$　……①

解　[Ⅰ]　$n = 3$ のとき　(左辺) $= 3^3 = 27$，(右辺) $= 7 \cdot 3 + 5 = 26$

よって，$n = 3$ のとき，① は成り立つ。

[Ⅱ]　$k \geqq 3$ として，$n = k$ のとき，① が成り立つと仮定すると

$$3^k > 7k + 5$$

この式を用いて，$n = k+1$ のときも ① が成り立つこと，

すなわち　$3^{k+1} > 7(k+1) + 5$　……②

が成り立つことを示せばよい。② の両辺の差を考えると

$$\begin{aligned}(\text{左辺}) - (\text{右辺}) &= 3^{k+1} - 7(k+1) - 5 \\ &= 3 \cdot 3^k - 7k - 12 \\ &> 3(7k+5) - 7k - 12 \quad \Leftarrow 3^k > 7k+5 \\ &= 14k + 3 > 0 \quad \Leftarrow k \geqq 3\end{aligned}$$

よって，② が成り立つから，$n = k+1$ のときも ① は成り立つ。

[Ⅰ]，[Ⅱ]から，3 以上のすべての自然数 n について ① が成り立つ。　終

問 2　n が 2 以上の自然数のとき，次の不等式が成り立つことを，数学的帰納法を用いて証明せよ。

$4^n > 6n + 3$

13 確率変数と確率分布

⇨教 p.46〜p.47

1 確率変数

1つの試行の結果によってその値が定まり，それぞれの値に対応して確率が定まるような変数を 確率変数 という。

$P(X=a)$　　確率変数 X の値が a となる確率

$P(a \leqq X \leqq b)$　確率変数 X の値が a 以上 b 以下となる確率

2 確率分布

確率変数 X のとり得る値とその値をとる確率との対応関係を 確率分布 という。

右の表のような X の確率分布について

[1]　$p_1 \geqq 0,\ p_2 \geqq 0,\ \cdots\cdots,\ p_n \geqq 0$

[2]　$p_1+p_2+\cdots\cdots+p_n=1$

X	x_1	x_2	……	x_n	計
P	p_1	p_2	……	p_n	1

例 36　1枚の硬貨を続けて3回投げるとき，表の出る回数 X の確率分布を求めてみよう。

X のとり得る値は，0，1，2，3である。

$P(X=0)={}_3C_0\left(\frac{1}{2}\right)^0\left(1-\frac{1}{2}\right)^{3-0}=$ ア□，　$P(X=1)={}_3C_1\left(\frac{1}{2}\right)^1\left(1-\frac{1}{2}\right)^{3-1}=$ イ□

$P(X=2)={}_3C_2\left(\frac{1}{2}\right)^2\left(1-\frac{1}{2}\right)^{3-2}=$ ウ□，　$P(X=3)={}_3C_3\left(\frac{1}{2}\right)^3\left(1-\frac{1}{2}\right)^{3-3}=$ エ□

よって，X の確率分布は，下の表のようになる。

X	0	1	2	3	計
P	ア□	イ□	ウ□	エ□	1

例 37　1から6までの数字が1つずつ書かれた6枚のカードがある。ここから3枚のカードを同時に引き，そこに書かれた最大の数を X とするとき，X の確率分布と確率 $P(4 \leqq X \leqq 5)$ を求めてみよう。

X のとり得る値は，3，4，5，6である。

$X=3$ となるのは，1，2，3のカードを引いた場合であるから

$$P(X=3)=\frac{1}{{}_6C_3}=\frac{1}{20}$$

$X=4$ となるのは，4のカードと1，2，3のカードから2枚引いた場合であるから

$$P(X=4)=\frac{{}_3C_2}{{}_6C_3}=\frac{3}{20}$$

同様にして

$$P(X=5)=\frac{{}_4C_2}{{}_6C_3}=\frac{6}{20}$$

$$P(X=6)=\frac{{}_5C_2}{{}_6C_3}=\frac{10}{20}$$

であるから，X の確率分布は右の表のようになる。

X	3	4	5	6	計
P	$\frac{1}{20}$	$\frac{3}{20}$	$\frac{6}{20}$	$\frac{10}{20}$	1

よって　$P(4 \leqq X \leqq 5)=\frac{3}{20}+\frac{6}{20}=$ ア□

練　習　問　題

37　1，2，3，4 の数字が書かれたカードが，それぞれ 1 枚，2 枚，3 枚，4 枚ある。この 10 枚のカードの中から 1 枚引くとき，そのカードに書かれた数を X とする。X の確率分布を求めよ。　◀例 36

38　1 枚の硬貨を続けて 4 回投げるとき，表の出る回数 X の確率分布を求めよ。　◀例 36

39　2 個のさいころを同時に投げるとき，出る目の差の絶対値 X の確率分布と確率 $P(0 \leqq X \leqq 2)$ を求めよ。　◀例 37

40　1 から 6 までの数字が 1 つずつ書かれた 6 枚のカードがある。ここから 3 枚のカードを同時に引き，そこに書かれた最小の数を X とする。このとき，X の確率分布と確率 $P(X \geqq 3)$ を求めよ。　◀例 37

14 確率変数の期待値

⇨教 p.48～p.51

1 確率変数の期待値（平均）

確率変数 X の確率分布が右の表のように与えられたとき

X	x_1	x_2	……	x_n	計
P	p_1	p_2	……	p_n	1

$$E(X)=\sum_{k=1}^{n}x_kp_k=x_1p_1+x_2p_2+\cdots\cdots+x_np_n$$

を，確率変数 X の 期待値（平均） という。

a，b を定数とするとき　$E(aX+b)=aE(X)+b$

例 38　赤球2個と白球3個が入っている袋から3個の球を同時に取り出すとき，取り出された赤球の個数を X とする。このとき，確率変数 X の期待値 $E(X)$ を求めてみよう。

X のとり得る値は，0，1，2 である。

$$P(X=0)=\frac{{}_3C_3}{{}_5C_3}=\frac{1}{10},\quad P(X=1)=\frac{{}_2C_1\times{}_3C_2}{{}_5C_3}=\frac{6}{10},\quad P(X=2)=\frac{{}_2C_2\times{}_3C_1}{{}_5C_3}=\frac{3}{10}$$

であるから，X の確率分布は右の表のようになる。

X	0	1	2	計
P	$\frac{1}{10}$	$\frac{6}{10}$	$\frac{3}{10}$	1

よって　$E(X)=0\cdot\frac{1}{10}+1\cdot\frac{6}{10}+2\cdot\frac{3}{10}=$ ア□

例 39　2枚の硬貨を同時に投げるとき，2枚とも表ならば100点，1枚だけ表ならば40点，2枚とも裏ならば20点とする。このとき，得点の期待値を求めてみよう。

得点を X（点）とすると，X のとり得る値は 100，40，20 である。

$$P(X=100)=\frac{1}{4},\quad P(X=40)=\frac{2}{4},\quad P(X=20)=\frac{1}{4}$$

であるから，X の確率分布は右の表のようになる。

X	100	40	20	計
P	$\frac{1}{4}$	$\frac{2}{4}$	$\frac{1}{4}$	1

よって

$$E(X)=100\cdot\frac{1}{4}+40\cdot\frac{2}{4}+20\cdot\frac{1}{4}=\text{ア}\square$$

すなわち，得点の期待値は ア□ 点である。

例 40　3枚の硬貨を同時に投げるとき，表の出る枚数を X とする。このとき，次の確率変数の期待値を求めてみよう。

(1)　X　　(2)　$2X+3$　　(3)　X^2

(1)　X の確率分布は右の表のようになるから

X	0	1	2	3	計
P	$\frac{1}{8}$	$\frac{3}{8}$	$\frac{3}{8}$	$\frac{1}{8}$	1

$$E(X)=0\cdot\frac{1}{8}+1\cdot\frac{3}{8}+2\cdot\frac{3}{8}+3\cdot\frac{1}{8}=\text{ア}\square$$

(2)　(1)より　$E(2X+3)=2E(X)+3=2\cdot$ ア□ $+3=$ イ□

(3)　(1)の確率分布表より　$E(X^2)=0^2\cdot\frac{1}{8}+1^2\cdot\frac{3}{8}+2^2\cdot\frac{3}{8}+3^2\cdot\frac{1}{8}=$ ウ□

練習問題

41 5 枚の硬貨を同時に投げるとき，表の出る枚数を X とする。このとき，確率変数 X の期待値 $E(X)$ を求めよ。 ◀例 38

42 赤球 4 個と白球 3 個が入っている袋から 2 個の球を同時に取り出すとき，取り出された赤球の数が 2 個ならば 25 点，赤球の数が 1 個ならば 5 点，赤球が 1 個もないならば 0 点とする。このとき，得点の期待値を求めよ。 ◀例 39

43 1 個のさいころを投げるとき，出る目の数を X とする。このとき，次の確率変数の期待値を求めよ。 ◀例 40

(1) X

(2) $5X+3$

(3) X^2

15 確率変数の分散と標準偏差 (1)

⇨教 p.52〜p.55

1 分散　確率変数 X の確率分布が右の表のように与えられたとき

$$V(X)=E((X-m)^2)=\sum_{k=1}^{n}(x_k-m)^2p_k \qquad \text{ただし，} m=E(X)$$

$$V(X)=E(X^2)-\{E(X)\}^2$$

X	x_1	x_2	……	x_n	計
P	p_1	p_2	……	p_n	1

2 標準偏差　$\sigma(X)=\sqrt{V(X)}$

例 41　1，2，3 の数字が書かれたカードが，それぞれ 1 枚，2 枚，3 枚ある。この 6 枚のカードの中から 1 枚引くとき，引いたカードに書かれた数を X とする。確率変数 X の期待値 $E(X)$，分散 $V(X)$，標準偏差 $\sigma(X)$ を求めてみよう。

X の確率分布は右の表のようになる。

X	1	2	3	計
P	$\frac{1}{6}$	$\frac{2}{6}$	$\frac{3}{6}$	1

よって

$$E(X)=1\cdot\frac{1}{6}+2\cdot\frac{2}{6}+3\cdot\frac{3}{6}= {}^{ア}\square$$

$$V(X)=\left(1-\frac{7}{3}\right)^2\cdot\frac{1}{6}+\left(2-\frac{7}{3}\right)^2\cdot\frac{2}{6}+\left(3-\frac{7}{3}\right)^2\cdot\frac{3}{6}= {}^{イ}\square$$

$$\sigma(X)=\sqrt{V(X)}=\sqrt{\frac{5}{9}}= {}^{ウ}\square$$

なお，$V(X)$ は次のようにして求めることもできる。

$E(X^2)=1^2\cdot\dfrac{1}{6}+2^2\cdot\dfrac{2}{6}+3^2\cdot\dfrac{3}{6}=6$ より

$$V(X)=E(X^2)-\{E(X)\}^2=6-\left(\frac{7}{3}\right)^2= {}^{イ}\square$$

例 42　赤球 2 個，白球 4 個が入っている箱から 2 個の球を同時に取り出すとき，取り出された赤球の個数を X とする。確率変数 X の標準偏差 $\sigma(X)$ を求めてみよう。

X のとり得る値は 0，1，2 である。

$$P(X=0)=\frac{{}_4C_2}{{}_6C_2}=\frac{6}{15},\quad P(X=1)=\frac{{}_2C_1\times{}_4C_1}{{}_6C_2}=\frac{8}{15},\quad P(X=2)=\frac{{}_2C_2}{{}_6C_2}=\frac{1}{15}$$

であるから，X の確率分布は右の表のようになる。

X	0	1	2	計
P	$\frac{6}{15}$	$\frac{8}{15}$	$\frac{1}{15}$	1

ゆえに

$$E(X)=0\cdot\frac{6}{15}+1\cdot\frac{8}{15}+2\cdot\frac{1}{15}=\frac{2}{3}$$

$$E(X^2)=0^2\cdot\frac{6}{15}+1^2\cdot\frac{8}{15}+2^2\cdot\frac{1}{15}=\frac{4}{5}$$

よって　$V(X)=E(X^2)-\{E(X)\}^2=\dfrac{4}{5}-\left(\dfrac{2}{3}\right)^2= {}^{ア}\square$

したがって，X の標準偏差 $\sigma(X)$ は

$$\sigma(X)=\sqrt{V(X)}=\sqrt{\frac{16}{45}}= {}^{イ}\square$$

練　習　問　題

44　次の問いに答えよ。　◀例 41

(1)　X の確率分布が，右の表で与えられているとき，X の期待値 $E(X)$，分散 $V(X)$，標準偏差 $\sigma(X)$ を求めよ。

X	-2	-1	1	2	計
P	$\frac{1}{6}$	$\frac{2}{6}$	$\frac{2}{6}$	$\frac{1}{6}$	1

(2)　4 枚の硬貨を同時に投げるとき，表の出る枚数を X とする。X の期待値 $E(X)$，分散 $V(X)$，標準偏差 $\sigma(X)$ を求めよ。

45　赤球 3 個，白球 4 個が入っている箱から 2 個の球を同時に取り出すとき，取り出された赤球の個数を X とする。確率変数 X の標準偏差 $\sigma(X)$ を求めよ。　◀例 42

16 確率変数の分散と標準偏差 (2)

⇨教 p.56〜p.57

1 $aX+b$ の分散と標準偏差

a, b を定数とするとき，確率変数 $aX+b$ の 分散 と 標準偏差 は

$$V(aX+b)=a^2V(X) \qquad \sigma(aX+b)=|a|\sigma(X)$$

例 43 確率変数 X の期待値が 6，標準偏差が 3 であるとき，確率変数 $-2X+5$ の期待値，分散，標準偏差を求めてみよう。

$$E(-2X+5)=-2E(X)+5=-2\cdot6+5={}^{ア}\boxed{}$$

$$V(-2X+5)=(-2)^2V(X)=4\{\sigma(X)\}^2=4\cdot3^2={}^{イ}\boxed{}$$

$$\sigma(-2X+5)=|-2|\sigma(X)=2\cdot3={}^{ウ}\boxed{}$$

例 44 4 枚の 500 円硬貨を同時に投げ，表の出る硬貨の金額に 300 円を加えた金額が得られるとき，得られる金額の期待値と標準偏差を求めてみよう。

表の出る枚数を X とすると，X の確率分布は，右の表のようになる。

X	0	1	2	3	4	計
P	$\frac{1}{16}$	$\frac{4}{16}$	$\frac{6}{16}$	$\frac{4}{16}$	$\frac{1}{16}$	1

ゆえに　$E(X)=0\cdot\frac{1}{16}+1\cdot\frac{4}{16}+2\cdot\frac{6}{16}+3\cdot\frac{4}{16}+4\cdot\frac{1}{16}=2$

$$E(X^2)=0^2\cdot\frac{1}{16}+1^2\cdot\frac{4}{16}+2^2\cdot\frac{6}{16}+3^2\cdot\frac{4}{16}+4^2\cdot\frac{1}{16}=5$$

X の分散と標準偏差は　$V(X)=E(X^2)-\{E(X)\}^2=5-2^2=1$

$$\sigma(X)=\sqrt{V(X)}=\sqrt{1}=1$$

よって，得られる金額 $500X+300$ の期待値と標準偏差は

$$E(500X+300)=500E(X)+300=500\cdot2+300={}^{ア}\boxed{}$$

$$\sigma(500X+300)=|500|\sigma(X)=500\cdot1={}^{イ}\boxed{}$$

したがって，得られる金額の期待値は ${}^{ア}\boxed{}$ 円，標準偏差は ${}^{イ}\boxed{}$ 円

練　習　問　題

46 確率変数 X の期待値が 4，分散が 2 であるとき，次の確率変数の期待値，分散，標準偏差を求めよ。 ◀例 43

*(1) $3X+1$　　(2) $-X$　　(3) $-6X+5$

47　3 枚の 100 円硬貨を同時に投げ，表の出る硬貨の金額に 30 円を加えた金額が得られるとき，得られる金額の期待値と標準偏差を求めよ。　◀例 44

48　数直線上の座標 3 の位置に点 P がある。点 P は，1 個のさいころを投げて出た目の 4 倍だけ正の方向へ進む。1 個のさいころを 1 回投げたあとの点 P の座標を Z とするとき，Z の期待値 $E(Z)$，分散 $V(Z)$，標準偏差 $\sigma(Z)$ を求めよ。　◀例 44

17 確率変数の和と積

⇨教 p.58〜p.62

1 確率変数の和の期待値

確率変数 X，Y について　$E(X+Y)=E(X)+E(Y)$

3 つ以上の確率変数の和に対しても，上と同様の式が成り立つ。

2 独立な確率変数

$$P(X=a,\ Y=b)=P(X=a)\cdot P(Y=b)$$

が成り立つとき，確率変数 X，Y は互いに 独立 であるという。

3 独立な確率変数の積の期待値・和の分散

確率変数 X，Y が互いに独立であるとき

$$E(XY)=E(X)\cdot E(Y) \qquad V(X+Y)=V(X)+V(Y)$$

3 つ以上の互いに独立な確率変数に対しても，上と同様の式が成り立つ。

例 45　1 個のさいころを投げるとき，出る目の期待値は $\frac{7}{2}$ である。このことを用いて，大中小 3 個のさいころを同時に投げるとき，出る目の和の期待値を求めてみよう。

大中小 3 個のさいころを同時に投げるとき，それぞれの出る目の数を X，Y，Z とする。

このとき　$E(X)=E(Y)=E(Z)=\frac{7}{2}$　であるから，出る目の和 $X+Y+Z$ の期待値は

$$E(X+Y+Z)=E(X)+E(Y)+E(Z)=\frac{7}{2}+\frac{7}{2}+\frac{7}{2}=\text{ア}\square$$

例 46　1 個のさいころを投げ，得点 X は出る目が奇数ならば 1 点，偶数ならば 0 点とし，得点 Y は出る目が 3 以下ならば 0 点，4 以上ならば 4 点とする。このとき，X，Y が互いに独立であるか調べてみよう。

$X=0$，$Y=0$ となるのは，2 の目が出るときだけであるから，$P(X=0,\ Y=0)=\frac{1}{6}$

一方，$P(X=0)=\frac{1}{2}$，$P(Y=0)=\frac{1}{2}$　より　$P(X=0)\cdot P(Y=0)=\frac{1}{4}$

よって　$P(X=0,\ Y=0)\neq P(X=0)\cdot P(Y=0)$

したがって，確率変数 X，Y は互いに ア□。

例 47　1 個のさいころを投げるとき，出る目の期待値は $\frac{7}{2}$，分散は $\frac{35}{12}$ である。このことを用いて，大中小 3 個のさいころを同時に投げ，それぞれの出る目の数を X，Y，Z とするとき，目の積の期待値および目の和の分散を求めてみよう。

$$E(X)=E(Y)=E(Z)=\frac{7}{2},\ V(X)=V(Y)=V(Z)=\frac{35}{12}$$

であり，X，Y，Z は互いに独立であるから

← 大中小のさいころを投げる試行は互いに独立

$$E(XYZ)=E(X)\cdot E(Y)\cdot E(Z)=\frac{7}{2}\times\frac{7}{2}\times\frac{7}{2}=\text{ア}\square$$

$$V(X+Y+Z)=V(X)+V(Y)+V(Z)=\frac{35}{12}+\frac{35}{12}+\frac{35}{12}=\text{イ}\square$$

練　習　問　題

49　1 枚の硬貨を投げるとき，表の出る枚数の期待値は $\frac{1}{2}$ 枚である。このことを用いて，7 枚の硬貨を同時に投げるとき，表の出る枚数の期待値を求めよ。　◀例 45

50　1 個のさいころを投げ，得点 X は出る目が奇数ならば 1 点，偶数ならば 0 点とし，得点 Y は出る目が 2 以下ならば 0 点，3 以上ならば 3 点とする。このとき，X と Y が互いに独立であるか調べよ。　◀例 46

51　1 枚の硬貨を投げるとき，表の出る枚数の期待値は $\frac{1}{2}$ 枚，分散は $\frac{1}{4}$ である。このことを用いて，次の問いに答えよ。　◀例 47

(1)　3 枚の硬貨を同時に投げるとき，表の出る枚数の期待値と分散を求めよ。

(2)　3 枚の硬貨を同時に投げる試行を 2 回行い，1 回目に表の出る枚数を X，2 回目に表の出る枚数を Y とする。このとき，XY の期待値を求めよ。

確認問題 4

1　1，2，3，4，5 の数字が書かれたカードが，それぞれ 5 枚，4 枚，3 枚，2 枚，1 枚ある。この 15 枚のカードの中から 1 枚引くとき，そのカードに書かれた数を X とする。
X の確率分布と確率 $P(3 \leqq X \leqq 5)$ を求めよ。

2　赤球 3 個と白球 2 個が入っている袋から，2 個の球を同時に取り出すとき，取り出された赤球の個数を X とする。このとき，確率変数 X の期待値 $E(X)$ を求めよ。

3　1 から 5 までの数字が 1 つずつ書かれた 5 枚のカードから 2 枚のカードを同時に引き，カードの数の大きい方の値を X とする。このとき，確率変数 X の期待値 $E(X)$ を求めよ。

4　赤球 3 個と白球 2 個が入っている袋から，3 個の球を同時に取り出すとき，取り出された赤球の個数を X とする。このとき，次の確率変数の期待値を求めよ。

(1)　X　　　(2)　$3X-2$

5 1, 2, 3, 4の数字が書かれたカードが，それぞれ4枚，3枚，2枚，1枚ある。この10枚のカードの中から1枚引くとき，そのカードに書かれた数をXとする。
Xの期待値$E(X)$，分散$V(X)$，標準偏差$\sigma(X)$を求めよ。

6 1, 3, 5, 7, 9の数字が1つずつ書かれた5枚のカードから1枚を引くとき，そのカードに書かれた数をXとし，2, 4, 6, 8の数字が1つずつ書かれた4枚のカードから1枚を引くとき，そのカードに書かれた数をYとする。このとき，次の問いに答えよ。

(1) X，Yの期待値$E(X)$，$E(Y)$と分散$V(X)$，$V(Y)$を求めよ。

(2) XとYの積XYの期待値$E(XY)$を求めよ。

(3) XとYの和$X+Y$の期待値$E(X+Y)$と分散$V(X+Y)$を求めよ。

18 二項分布

⇨教 p.64〜p.67

1 二項分布

確率変数 X が 二項分布 $B(n,\ p)$ に従うとき，$q=1-p$ とすると

$$P(X=r)={}_n\mathrm{C}_r p^r q^{n-r} \qquad (r=0,\ 1,\ 2,\ \cdots\cdots,\ n)$$

2 二項分布の期待値と分散・標準偏差

確率変数 X が二項分布 $B(n,\ p)$ に従うとき，$q=1-p$ とすると

期待値 $E(X)=np$　　分散 $V(X)=npq$　　標準偏差 $\sigma(X)=\sqrt{V(X)}=\sqrt{npq}$

例 48　1 枚の硬貨を続けて 5 回投げるとき，表の出る回数を X とする。このとき，$P(3\leqq X\leqq 4)$ を求めてみよう。

硬貨を 1 回投げるとき，表の出る確率は $\dfrac{1}{2}$ であるから，X は二項分布 $B\left(5,\ \dfrac{1}{2}\right)$ に従う。

よって　$P(X=r)={}_5\mathrm{C}_r\left(\dfrac{1}{2}\right)^r\left(1-\dfrac{1}{2}\right)^{5-r}={}_5\mathrm{C}_r\left(\dfrac{1}{2}\right)^5 \qquad (r=0,\ 1,\ 2,\ 3,\ 4,\ 5)$

より　$P(3\leqq X\leqq 4)=P(X=3)+P(X=4)={}_5\mathrm{C}_3\left(\dfrac{1}{2}\right)^5+{}_5\mathrm{C}_4\left(\dfrac{1}{2}\right)^5$

$$=10\cdot\frac{1}{32}+5\cdot\frac{1}{32}=\frac{10}{32}+\frac{5}{32}=\ ^{ア}\boxed{}$$

例 49　1 個のさいころを続けて 180 回投げるとき，4 以下の目の出る回数 X の期待値，分散，標準偏差を求めてみよう。

さいころを 1 回投げて，4 以下の目が出る確率は $\dfrac{2}{3}$ である。よって，X は二項分布 $B\left(180,\ \dfrac{2}{3}\right)$ に従うから

$$E(X)=180\times\frac{2}{3}=\ ^{ア}\boxed{}$$

$$V(X)=180\times\frac{2}{3}\times\left(1-\frac{2}{3}\right)=\ ^{イ}\boxed{}$$

$$\sigma(X)=\sqrt{40}=\ ^{ウ}\boxed{}$$

例 50　ある製品を製造するとき，不良品が生じる確率は 0.2 であるという。この製品を 100 個製造するとき，その中に含まれる不良品の個数 X の期待値，分散，標準偏差を求めてみよう。

この製品を 100 個製造するとき，不良品が生じる確率は 0.2 であるから，X は二項分布 $B(100,\ 0.2)$ に従う。

よって，X の期待値，分散，標準偏差は

$$E(X)=100\times 0.2=\ ^{ア}\boxed{}$$

$$V(X)=100\times 0.2\times(1-0.2)=\ ^{イ}\boxed{}$$

$$\sigma(X)=\sqrt{16}=\ ^{ウ}\boxed{}$$

練 習 問 題

52　1 枚の硬貨を続けて 6 回投げるとき，表の出る回数を X とする。
このとき，$P(2 \leqq X \leqq 3)$ を求めよ。　◀例 48

53　1 個のさいころを続けて 300 回投げるとき，2 以下の目の出る回数 X の期待値，分散，標準偏差を求めよ。　◀例 49

54　ある菓子には当たりくじがついており，当たる確率は $\frac{1}{25}$ であるという。この菓子を 150 個買うとき，当たる個数 X の期待値，分散，標準偏差を求めよ。　◀例 50

19 正規分布 (1)

⇨教 p.68〜p.71

1 連続した値をとる確率変数

連続型確率変数　長さや重さなどのように，連続した値をとる確率変数

確率密度関数　連続型確率変数 X の分布曲線を表す関数 $f(x)$

2 正規分布

確率密度関数が $f(x)=\dfrac{1}{\sqrt{2\pi}\,\sigma}e^{-\frac{(x-m)^2}{2\sigma^2}}$ である確率変数 X の確率分布

確率変数 X が 正規分布 $N(m,\ \sigma^2)$ に従うとき　期待値　$E(X)=m$，標準偏差　$\sigma(X)=\sigma$

$y=\dfrac{1}{\sqrt{2\pi}\,\sigma}e^{-\frac{(x-m)^2}{2\sigma^2}}$ のグラフは右の図のようになり，次のような性質をもつ。

[1]　直線 $x=m$ に関して対称で，y は $x=m$ で最大値をとる。

[2]　x 軸を漸近線とする。

[3]　標準偏差 σ が小さいほど曲線の山は高くなり，直線 $x=m$ のまわりに集まる。

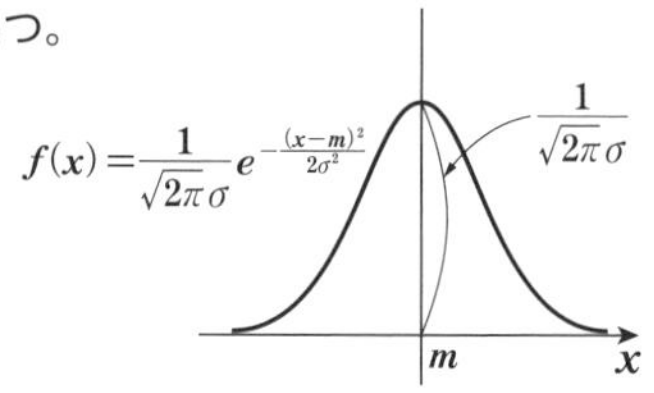

3 標準正規分布

期待値 0，標準偏差 1 の正規分布 $N(0,\ 1)$

確率密度関数は　$f(z)=\dfrac{1}{\sqrt{2\pi}}e^{-\frac{z^2}{2}}$

正規分布表　確率変数 Z が 標準正規分布 $N(0,\ 1)$ に従うときの $P(0\leqq Z\leqq t)$ の値の表

右の図の　部分の面積は $P(0\leqq Z\leqq t)$ に等しい

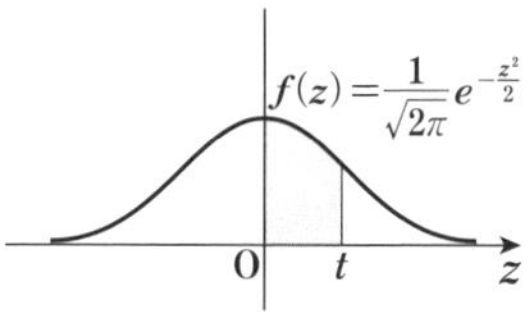

例 51　確率変数 X の確率密度関数が $f(x)=\dfrac{3}{2}x\ \left(0\leqq x\leqq \dfrac{2\sqrt{3}}{3}\right)$ で表されるとき，$P(0\leqq X\leqq 1)$ を求めてみよう。

$$P(0\leqq X\leqq 1)=\int_0^1\frac{3}{2}x\,dx=\text{ア}\boxed{}$$

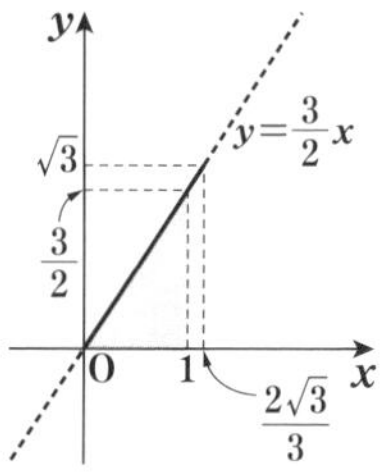

例 52　確率変数 Z が標準正規分布 $N(0,\ 1)$ に従うとき，次の確率を求めてみよう。

(1)　$P(0\leqq Z\leqq 1.36)$　　(2)　$P(-1.25\leqq Z\leqq 0)$

(3)　$P(-1.25\leqq Z\leqq 1.46)$　　(4)　$P(1.25\leqq Z\leqq 1.46)$

t	…	.05	.06	.07	…
…	…	…	…	…	…
1.2	…	0.3944	0.3962	0.3980	…
1.3	…	0.4115	0.4131	0.4147	…
1.4	…	0.4265	0.4279	0.4292	…
…	…	…	…	…	…

(1)　$P(0\leqq Z\leqq 1.36)=$ ア $\boxed{}$

(2)　$P(-1.25\leqq Z\leqq 0)$

$=P(0\leqq Z\leqq 1.25)=$ イ $\boxed{}$

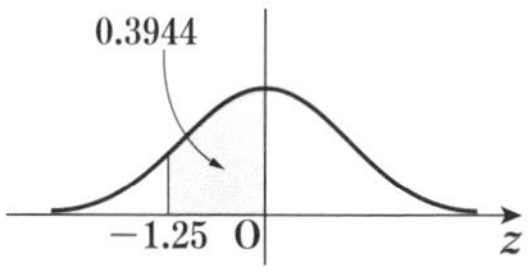

(3)　$P(-1.25\leqq Z\leqq 1.46)$

$=P(-1.25\leqq Z\leqq 0)+P(0\leqq Z\leqq 1.46)$

$=P(0\leqq Z\leqq 1.25)+P(0\leqq Z\leqq 1.46)$

$=0.3944+0.4279=$ ウ $\boxed{}$

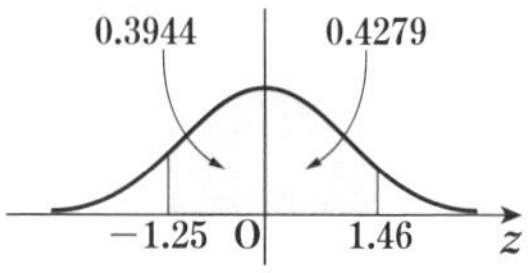

(4)　$P(1.25\leqq Z\leqq 1.46)$

$=P(0\leqq Z\leqq 1.46)-P(0\leqq Z\leqq 1.25)$

$=0.4279-0.3944=$ エ $\boxed{}$

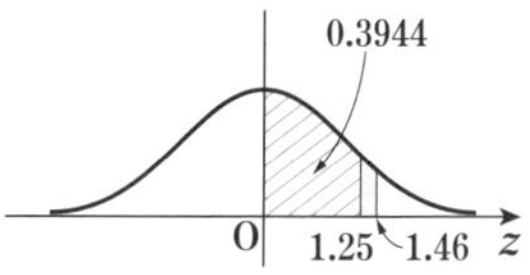

練 習 問 題

55 確率変数 X の確率密度関数が $f(x)=\frac{1}{8}x$ $(0 \leqq x \leqq 4)$ で表されるとき，$P(0 \leqq X \leqq 3)$ を求めよ。 ◀例 51

56 確率変数 Z が標準正規分布 $N(0,\ 1)$ に従うとき，次の確率を求めよ。 ◀例 52

(1) $P(0 \leqq Z \leqq 1.45)$

(2) $P(-0.6 \leqq Z \leqq 0)$

(3) $P(-1.7 \leqq Z \leqq 0.5)$

(4) $P(0.39 \leqq Z \leqq 3.12)$

(5) $P(-2.57 \leqq Z \leqq -1.57)$

(6) $P(Z \leqq 2)$

(7) $P(Z \geqq 1.3)$

(8) $P(Z \leqq -0.5)$

20 正規分布 (2)

⇨教 p.72~p.76

1 確率変数の標準化

確率変数 X が正規分布 $N(m,\ \sigma^2)$ に従うとき，$Z=\dfrac{X-m}{\sigma}$ とおくと，
確率変数 Z は標準正規分布 $N(0,\ 1)$ に従う。

2 二項分布の正規分布による近似

二項分布 $B(n,\ p)$ に従う確率変数 X に対し，$Z=\dfrac{X-np}{\sqrt{npq}}$ とおくと，
n が大きいとき，Z は近似的に標準正規分布 $N(0,\ 1)$ に従う。ただし，$q=1-p$

例 53 確率変数 X が正規分布 $N(30,\ 4^2)$ に従うとき，$P(24 \leqq X \leqq 36)$ を求めてみよう。

$Z=\dfrac{X-30}{4}$ とおくと，Z は標準正規分布 $N(0,\ 1)$ に従う。

$X=24$ のとき　$Z=-1.5$，　$X=36$ のとき　$Z=1.5$　であるから

$$P(24 \leqq X \leqq 36)=P(-1.5 \leqq Z \leqq 1.5)=P(0 \leqq Z \leqq 1.5)+P(0 \leqq Z \leqq 1.5)$$

$$=2P(0 \leqq Z \leqq 1.5)=2\times 0.4332={}^{ア}\boxed{}$$

TRY
例 54 ある動物の個体の体長を調べたところ，平均値 50 cm，標準偏差 2 cm であった。体長の分布を正規分布とみなすとき，この中に体長 47 cm 以上 55 cm 以下の個体はおよそ何 % いるか。小数第 2 位を四捨五入して求めてみよう。

体長を X cm とすると，X は正規分布 $N(50,\ 2^2)$ に従う。

$Z=\dfrac{X-50}{2}$ とおくと，Z は標準正規分布 $N(0,\ 1)$ に従う。

$X=47$ のとき　$Z=\dfrac{47-50}{2}=-1.5$，　$X=55$ のとき　$Z=\dfrac{55-50}{2}=2.5$　であるから

$$P(47 \leqq X \leqq 55)=P(-1.5 \leqq Z \leqq 2.5)=P(0 \leqq Z \leqq 1.5)+P(0 \leqq Z \leqq 2.5)$$

$$=0.4332+0.4938={}^{ア}\boxed{}$$

よって，体長 47 cm 以上 55 cm 以下の個体はおよそ ${}^{イ}\boxed{}$ % いる。

例 55 1 個のさいころを 450 回投げるとき，5 以上の目が出る回数が 130 回以下となる確率を求めてみよう。

5 以上の目が出る回数を X とすると，X は二項分布 $B\left(450,\ \dfrac{1}{3}\right)$ に従う。

X の期待値 m と標準偏差 σ は　$m=450\times\dfrac{1}{3}=150$，$\sigma=\sqrt{450\times\dfrac{1}{3}\times\dfrac{2}{3}}=\sqrt{100}=10$

よって　$Z=\dfrac{X-150}{10}$ とおくと，Z は近似的に標準正規分布 $N(0,\ 1)$ に従う。

$X=130$ のとき　$Z=\dfrac{130-150}{10}=-2$

したがって　$P(X \leqq 130)=P(Z \leqq -2)=P(Z \geqq 2)$

$$=P(0 \leqq Z)-P(0 \leqq Z \leqq 2)=0.5-0.4772={}^{ア}\boxed{}$$

練 習 問 題

*57 確率変数 X が正規分布 $N(50,\ 10^2)$ に従うとき，次の確率を求めよ。 ◀例 53

(1) $P(45 \leqq X \leqq 55)$

(2) $P(70 \leqq X)$

(3) $P(X \leqq 56)$

(4) $P(57 \leqq X \leqq 62)$

TRY

58 ある工場で生産される飲料缶の重さを調べたところ，平均値 203 g，標準偏差 1 g であった。重さの分布を正規分布とみなすとき，重さ 200 g 以下の缶が生産される確率を求めよ。

◀例 54

59 1 枚の硬貨を 1600 回投げるとき，表の出る回数が 780 回以上 840 回以下となる確率を求めよ。 ◀例 55

確 認 問 題 5

1　1 個のさいころを続けて 4 回投げるとき，3 以上の目が出る回数を X とする。このとき，$P(X \leqq 1)$ を求めよ。

2　2 枚の硬貨を同時に 150 回投げるとき，2 枚とも裏になる回数 X の期待値，分散，標準偏差を求めよ。

3　ある種の発芽率は $\dfrac{3}{4}$ であるという。この種を 300 個まいたとき，発芽する種の個数 X の期待値，分散，標準偏差を求めよ。

4 確率変数 Z が標準正規分布 $N(0,\ 1)$ に従うとき，次の確率を求めよ。

(1) $P(0 \leqq Z \leqq 0.87)$

(2) $P(-0.25 \leqq Z \leqq 0)$

(3) $P(-1.43 \leqq Z \leqq 0.76)$

(4) $P(0.62 \leqq Z \leqq 1.73)$

5 確率変数 X が正規分布 $N(55,\ 20^2)$ に従うとき，次の確率を求めよ。

(1) $P(45 \leqq X \leqq 55)$

(2) $P(60 \leqq X)$

6 ある資格試験の受験者の得点は平均値 50 点，標準偏差 10 点であった。
得点の分布を正規分布とみなすとき，この中に得点 70 点以上の人は受験者全体の何 % いるか。小数第 2 位を四捨五入して求めよ。

7 2 個のさいころを同時に 180 回投げるとき，目の和が 4 以下になる回数が 23 回以下となる確率を求めよ。

21 母集団と標本

⇨教 p.78〜p.80

1 標本調査と母集団

統計調査には，対象となる集団の全部について調べる 全数調査 と，集団の中の一部を調べて全体を推測する 標本調査 がある。

調査の対象となる集団全体を 母集団 といい，母集団に属する個々の対象を 個体 という。

母集団から取り出された個体の集まりを 標本 という。

母集団に属する個体の総数を 母集団の大きさ といい，標本に含まれる個体の総数を 標本の大きさ という。

2 標本の抽出

母集団から大きさ n の標本を取り出すとき，どの個体も取り出す確率が等しくなるように標本として取り出すことを 無作為抽出 という。

復元抽出　どの個体も 1 個を取り出すたびにもとにもどし，あらためて 1 個を取り出す。

非復元抽出　取り出した個体はもとにもどさないで 1 個ずつ取り出す。
または，一度に n 個の標本を取り出す。

3 母集団分布

母集団の性質をその母集団の特性といい，数量的に表される特性を 変量 という。

変量 X は確率変数であり，X の確率分布を 母集団分布 という。

X の期待値，分散，標準偏差をそれぞれ 母平均，母分散，母標準偏差 といい，m，σ^2，σ で表す。

例 56

1 から 5 までの数字が 1 つずつ書かれた 5 枚のカードを母集団とする。ここから大きさ 3 の標本を無作為抽出するとき，抽出する順序を区別すると，復元抽出，非復元抽出それぞれにおける標本の選び方を求めてみよう。

復元抽出では　$5^3 =$ ア［　　］(通り)　　非復元抽出では　${}_5\mathrm{P}_3 =$ イ［　　］(通り)

例 57

あるクイズに参加した 10 人のうち，得点が 1，2，3，4 であった人数は，順に 4 人，3 人，2 人，1 人であった。この 10 人を母集団とし，得点を変量 X とするとき，X の母平均 m，母分散 σ^2，母標準偏差 σ を求めてみよう。

X の母集団分布は右の表のようになる。

X	1	2	3	4	計
P	$\frac{4}{10}$	$\frac{3}{10}$	$\frac{2}{10}$	$\frac{1}{10}$	1

母平均 m，母分散 σ^2，母標準偏差 σ は

$$m = 1\cdot\frac{4}{10} + 2\cdot\frac{3}{10} + 3\cdot\frac{2}{10} + 4\cdot\frac{1}{10} = {}^{ア}\boxed{}$$

$$\sigma^2 = \left(1^2\cdot\frac{4}{10} + 2^2\cdot\frac{3}{10} + 3^2\cdot\frac{2}{10} + 4^2\cdot\frac{1}{10}\right) - 2^2 = {}^{イ}\boxed{}$$

$$\sigma = \sqrt{1} = {}^{ウ}\boxed{}$$

練　習　問　題

60　1から9までの数字が1つずつ書かれた9枚のカードを母集団とする。ここから大きさ2の標本を無作為抽出するとき，抽出する順序を区別すると，復元抽出，非復元抽出それぞれにおける標本の選び方は何通りあるか。　◀例 56

61　あるクイズに参加した10人のうち，得点が1，2，3であった人数は，順に5人，4人，1人であった。この10人を母集団とし，得点を変量 X とするとき，X の母平均 m，母分散 σ^2，母標準偏差 σ を求めよ。　◀例 57

62　1から9までの数字が1つずつ書かれた9枚のカードがある。この9枚のカードを母集団とし，カードに書かれた数が偶数ならば $X=1$，奇数ならば $X=-1$ とするとき，X の母平均 m，母分散 σ^2，母標準偏差 σ を求めよ。　◀例 57

22 標本平均の分布

⇨教 p.81〜p.85

1 標本平均の期待値と標準偏差

母平均 m，母標準偏差 σ の母集団から無作為抽出した大きさ n の標本の値を X_1，X_2，……，X_n とするとき，

$\overline{X}=\dfrac{X_1+X_2+\cdots\cdots+X_n}{n}$ を 標本平均 という。

標本平均 $\overline{X}$ は確率変数であり，期待値 $E(\overline{X})$ と標準偏差 $\sigma(\overline{X})$ は

$$E(\overline{X})=m,\quad \sigma(\overline{X})=\frac{\sigma}{\sqrt{n}}$$

2 標本平均の分布と正規分布

母平均 m，母標準偏差 σ の母集団から大きさ n の標本を無作為抽出するとき，n が大きければ，標本平均 $\overline{X}$ は近似的に正規分布 $N\left(m,\ \dfrac{\sigma^2}{n}\right)$ に従うとみなせる。

例 58 1，2，3，4，5 の数字が 1 つずつ書かれた 5 枚のカードから 2 枚のカードを無作為抽出するとき，書かれた数の標本平均 $\overline{X}$ の期待値 $E(\overline{X})$ と標準偏差 $\sigma(\overline{X})$ を求めてみよう。

1 から 5 までの数字が 1 つずつ書かれた 5 枚のカードを母集団とすると，母集団分布は下の表のようになる。よって，母平均 m，母分散 σ^2，母標準偏差 σ は

X	1	2	3	4	5	計
P	$\frac{1}{5}$	$\frac{1}{5}$	$\frac{1}{5}$	$\frac{1}{5}$	$\frac{1}{5}$	1

$$m=1\cdot\frac{1}{5}+2\cdot\frac{1}{5}+3\cdot\frac{1}{5}+4\cdot\frac{1}{5}+5\cdot\frac{1}{5}=3$$

$$\sigma^2=\left(1^2\cdot\frac{1}{5}+2^2\cdot\frac{1}{5}+3^2\cdot\frac{1}{5}+4^2\cdot\frac{1}{5}+5^2\cdot\frac{1}{5}\right)-3^2=2$$

$$\sigma=\sqrt{2}$$

したがって，大きさ 2 の標本平均 $\overline{X}$ の期待値 $E(\overline{X})$ と標準偏差 $\sigma(\overline{X})$ は

$$E(\overline{X})={}^{ア}\boxed{},\quad \sigma(\overline{X})=\frac{\sqrt{2}}{\sqrt{2}}={}^{イ}\boxed{}$$

TRY

例 59 平均値 54 点，標準偏差 12 点の試験の答案から，36 枚の答案を無作為抽出する。このとき，得点の標本平均が 51 点以上 58 点以下である確率を求めてみよう。

得点の標本平均を $\overline{X}$ とすると，$\overline{X}$ は正規分布 $N\left(54,\ \dfrac{12^2}{36}\right)$

すなわち，正規分布 $N(54,\ 2^2)$ に従うとみなせる。

よって　$Z=\dfrac{\overline{X}-54}{2}$ とおくと，Z は標準正規分布 $N(0,\ 1)$ に従う。

$\overline{X}=51$ のとき　$Z=-1.5$，$\overline{X}=58$ のとき　$Z=2$ であるから

$$\begin{aligned}P(51\leqq\overline{X}\leqq58)&=P(-1.5\leqq Z\leqq2)\\&=P(0\leqq Z\leqq1.5)+P(0\leqq Z\leqq2)\\&=0.4332+0.4772\\&={}^{ア}\boxed{}\end{aligned}$$

練習問題

*63 1，2，3，4 の数字が書かれた球が，それぞれ 1 個，2 個，3 個，4 個の合計 10 個ある。この 10 個の球が入っている袋から 2 個の球を無作為抽出するとき，書かれた数の標本平均 $\overline{X}$ の期待値 $E(\overline{X})$ と標準偏差 $\sigma(\overline{X})$ を求めよ。 ◀例 58

TRY
*64 平均値 50 点，標準偏差 20 点の試験の答案から，100 枚の答案を無作為抽出する。このとき，得点の標本平均が 46 点以上 54 点以下である確率を求めよ。 ◀例 59

23 母平均の推定，母比率の推定

⇨教 p.87〜p.91

1 母平均の推定

母標準偏差 σ の母集団から大きさ n の標本を無作為抽出するとき，n が大きければ，母平均 m に対する信頼度 95％ の信頼区間 は

$$\overline{X}-1.96\times\frac{\sigma}{\sqrt{n}} \leqq m \leqq \overline{X}+1.96\times\frac{\sigma}{\sqrt{n}}$$

注 標本の大きさ n が大きければ，標本の標準偏差を用いて，母平均を推定してもよい。

2 母比率の推定

母集団において，ある性質Aをもつものの割合 p を性質Aの 母比率 といい，母集団から取り出した標本において，性質Aをもつものの割合 $\overline{p}$ を 標本比率 という。

標本の大きさ n が大きいとき，標本比率を $\overline{p}$ とすると，母比率 p に対する信頼度 95％ の信頼区間は

$$\overline{p}-1.96\sqrt{\frac{\overline{p}(1-\overline{p})}{n}} \leqq p \leqq \overline{p}+1.96\sqrt{\frac{\overline{p}(1-\overline{p})}{n}}$$

例 60 母標準偏差 $\sigma=7.5$ である母集団から，大きさ 100 の標本を無作為抽出したところ，標本平均が 45.6 であった。母平均 m に対する信頼度 95％ の信頼区間を求めてみよう。

$1.96\times\frac{7.5}{\sqrt{100}} \fallingdotseq 1.5$ であるから，信頼度 95％ の信頼区間は

$45.6-1.5 \leqq m \leqq 45.6+1.5$ より ア□ $\leqq m \leqq$ イ□

例 61 ある養鶏場で，900 個の卵を無作為抽出して重さを調べたところ，平均値 61.3 g，標準偏差 6.0 g であった。この養鶏場の卵全体における重さの平均値 m を，信頼度 95％ で推定してみよう。

母標準偏差 σ のかわりに標本の標準偏差 6.0 を用いる。

標本の大きさ $n=900$ であるから　$1.96\times\frac{6.0}{\sqrt{900}} \fallingdotseq 0.4$

標本平均 $\overline{X}=61.3$ より，母平均 m に対する信頼度 95％ の信頼区間は

$61.3-0.4 \leqq m \leqq 61.3+0.4$　すなわち ア□ $\leqq m \leqq$ イ□

よって，養鶏場の卵全体における重さの平均値は，信頼度 95％ で ア□ g 以上 イ□ g 以下と推定される。

例 62 ある工場で，多数の製品の中から 600 個を無作為抽出して検査したところ，24 個の不良品が含まれていた。この工場の製品全体の不良品の比率 p を，信頼度 95％ で推定してみよう。

標本の大きさ $n=600$，標本比率 $\overline{p}=\frac{24}{600}=0.04$ であるから　$1.96\times\sqrt{\frac{0.04\times0.96}{600}} \fallingdotseq 0.02$

よって，母比率 p の信頼度 95％ の信頼区間は

$0.04-0.02 \leqq p \leqq 0.04+0.02$　すなわち ア□ $\leqq p \leqq$ イ□

したがって，製品全体の不良品の比率は，信頼度 95％ で ア□ 以上 イ□ 以下と推定される。

練習問題

65 母標準偏差 $\sigma=8.0$ である母集団から，大きさ 144 の標本を無作為抽出したところ，標本平均が 38 であった。母平均 m に対する信頼度 95％ の信頼区間を求めよ。 ◀例 60

66 A社の石けん 100 個を購入してその重さを調べたところ，平均値 51.0 g，標準偏差 4.0 g であった。A社の石けんの重さの平均値 m を，信頼度 95％ で推定せよ。 ◀例 61

67 あるさいころを 300 回投げたら，1 の目が 75 回出た。このさいころの 1 の目が出る母比率 p を信頼度 95％ で推定せよ。 ◀例 62

24 仮説検定 (1)

⇨教 p.92〜p.94

1 仮説検定　母集団についての仮説が誤りかどうか確率を用いて判断する方法を 仮説検定 といい，次のように行う。

① 母集団について仮説をたてる。この仮説を 帰無仮説 という。
帰無仮説と対立する仮説を 対立仮説 という。

② 帰無仮説が誤りかどうか確率を用いて判断する。
帰無仮説が誤りと判断されることを帰無仮説が 棄却される という。
帰無仮説を棄却する判断の基準となる確率を 有意水準 といい，百分率で表す。
有意水準以下となる確率変数の値の範囲を 棄却域 という。

③ (i) 標本の値が棄却域に入れば帰無仮説は棄却される。
(ii) 標本の値が棄却域に入らなければ帰無仮説は棄却されない。
このとき，帰無仮説については正しいとも誤りともいえない。

2 正規分布の棄却域　帰無仮説にもとづいた確率変数 X の母集団分布が正規分布 $N(m,\ \sigma^2)$ に従うとき，
有意水準 5% の棄却域は　$X \leqq m-1.96\sigma,\ m+1.96\sigma \leqq X$

例 63　さいころを 11 回投げるとき，偶数の目が出る回数を X とすると，X は二項分布 $B\left(11,\ \dfrac{1}{2}\right)$ に従い，確率分布は小数第 5 位を四捨五入すると右の表のようになる。さいころを 11 回投げて，偶数の目が 1 回以下または 10 回以上出たとき，さいころは正しくつくられていないといえるか。有意水準 5% で仮説検定してみよう。

X	P
0	0.0005
1	0.0054
2	0.0269
3	0.0806
4	0.1611
5	0.2255
6	0.2255
7	0.1611
8	0.0806
9	0.0269
10	0.0054
11	0.0005
計	1

帰無仮説は「さいころは正しくつくられている」であり，
対立仮説は「さいころは正しくつくられていない」である。

$$P(X \leqq 2)+P(9 \leqq X)=0.0656,\qquad P(X \leqq 1)+P(10 \leqq X)=0.0118$$

より，有意水準 5% の棄却域は　$X \leqq 1,\ 10 \leqq X$

したがって，偶数の目が 1 回以下または 10 回以上出たとき，帰無仮説は棄却され，対立仮説が正しいと判断する。

すなわち，「さいころは正しくつくられていない」と ア［　　］。

例 64　ある工場で製造される製品の長さは，平均 150.6 cm，標準偏差 3.2 cm の正規分布に従うという。ある日，この製品 64 個を無作為抽出して長さを調べたところ，平均値は 149.3 cm であった。この日の製品は異常であるといえるか。有意水準 5% で仮説検定してみよう。

帰無仮説を「この日の製品は異常でない」とする。
帰無仮説が正しければ，この日の製品の長さ X cm は正規分布 $N(150.6,\ 3.2^2)$ に従う。
このとき，標本平均 $\overline{X}$ は正規分布 $N\left(150.6,\ \dfrac{3.2^2}{64}\right)$ に従う。

よって，有意水準 5% の棄却域は

$$\overline{X} \leqq 150.6-1.96\times\frac{3.2}{\sqrt{64}},\quad 150.6+1.96\times\frac{3.2}{\sqrt{64}} \leqq \overline{X}$$

より　$\overline{X} \leqq 149.8,\ 151.4 \leqq \overline{X}$

$\overline{X}=149.3$ は棄却域に入るから，帰無仮説は棄却される。

すなわち，この日の製品は異常であると ア［　　］。

練習問題

68 10本のくじの中に，当たりが3本入っているくじから復元抽出で1本ずつ8回くじを引くとき，当たりを引いた回数を X とすると，X は二項分布 $B\left(8,\ \dfrac{3}{10}\right)$ に従い，確率分布は小数第6位を四捨五入すると，右の表のようになる。このことを用いて，次の問いに答えよ。
「10本のくじの中に，当たりは3本だけ入っている」といわれているくじを復元抽出で1本ずつ8回引いて，6回以上当たりを引いたとき，「10本のくじの中に，当たりは3本だけ入っている」は誤りといえるか。有意水準5%で仮説検定せよ。 ◀例 63

X	P
0	0.05764
1	0.19765
2	0.29648
3	0.25412
4	0.13613
5	0.04668
6	0.01000
7	0.00122
8	0.00007
計	1

69 あるファストフードグループで注文を受けてから商品を渡すまでの時間は，平均5分，標準偏差1分の正規分布に従うという。この時間を店員数が16人のA店で調べたところ，平均値は5.5分であった。この平均時間は，グループ全体と比べて違いがあるといえるか。有意水準5%で仮説検定せよ。 ◀例 64

25 仮説検定 (2)

⇨教 p.95

1 正規分布による近似を用いた仮説検定

帰無仮説にもとづいた確率変数 X が二項分布 $B(n,\ p)$ に従うとき，n が大きければ，X は近似的に正規分布 $N(np,\ npq)$ に従う。ただし，$q=1-p$

TRY
例 65 ある菓子には当たりくじがついており，「当たる確率は $\frac{1}{4}$ である」と宣伝している。この菓子を 300 個買って調べたら，当たりは 60 個であった。当たる確率は $\frac{1}{4}$ ではないといえるか。有意水準 5% で仮説検定してみよう。

帰無仮説を「当たる確率は $\frac{1}{4}$ である」とする。

帰無仮説が正しければ，当たる確率は $\frac{1}{4}$ であるから，300 個中，当たりが入っている個数を X とすると，X は二項分布 $B\left(300,\ \frac{1}{4}\right)$ に従う。

ゆえに，X の期待値 m と標準偏差 σ は

$$m=300\times\frac{1}{4}=75,\qquad \sigma=\sqrt{300\times\frac{1}{4}\times\frac{3}{4}}=7.5$$

であるから，X は近似的に正規分布 $N(75,\ 7.5^2)$ に従う。

よって，有意水準 5% の棄却域は

$$X\leqq 75-1.96\times 7.5,\qquad 75+1.96\times 7.5\leqq X$$

より　$X\leqq$ ア［　　　］，イ［　　　］$\leqq X$

$X=60$ は棄却域に入るから，帰無仮説は棄却される。

すなわち，当たる確率は $\frac{1}{4}$ ではないと ウ［　　　］。

練　習　問　題

TRY
70 ある機械が製造する製品には 2% の不良品が含まれるという。ある日，この製品 400 個を無作為抽出して調べたところ，不良品が 15 個含まれていた。この日の機械には異常があるといえるか。有意水準 5% で仮説検定せよ。 ◀例 65

検印

確認問題6

1　1，2，3の数字が書かれたカードが，それぞれ1枚，2枚，2枚の合計5枚ある。この5枚のカードが入っている袋から2枚のカードを無作為抽出するとき，書かれた数の標本平均 $\overline{X}$ の期待値 $E(\overline{X})$ と標準偏差 $\sigma(\overline{X})$ を求めよ。

2　平均値50点，標準偏差10点の試験の答案から，25枚の答案を無作為抽出する。このとき，得点の標本平均が48点以下である確率を求めよ。

3　母標準偏差 $\sigma=8.8$ である母集団から，大きさ121の標本を無作為抽出したところ，標本平均が32.0であった。母平均 m に対する信頼度95％の信頼区間を求めよ。

4 ある政策について，350 人を無作為抽出して賛否を聞いたところ，252 人が賛成であると答えた。この政策に賛成する割合 p を信頼度 95％ で推定せよ。

5 80％ は発芽すると宣伝されている種子 100 個を植えたところ，73 個の種子が発芽した。この種子の宣伝は正しいといえるか。有意水準 5％ で仮説検定せよ。

検印

例題 3　区間推定の応用

ある農園の栗は 10% の不良品を含むと予想されている。この農園の栗の不良品の比率を信頼度 95% で推定したい。信頼区間の幅を 0.02 以下にするためには，いくつ以上の標本を抽出して調査すればよいか。

解　母比率を p，標本比率を $\overline{p}$ とすると，$\overline{p}=p=0.1$ とみなせるから，
母比率 p に対する信頼度 95% の信頼区間は

$$0.1-1.96\sqrt{\frac{0.1(1-0.1)}{n}} \leqq p \leqq 0.1+1.96\sqrt{\frac{0.1(1-0.1)}{n}}$$

より，信頼区間の幅は　$2\times1.96\sqrt{\dfrac{0.1(1-0.1)}{n}}$

よって　$2\times1.96\sqrt{\dfrac{0.1(1-0.1)}{n}} \leqq 0.02$　より

$$\sqrt{n} \geqq \frac{2\times1.96\sqrt{0.1\times0.9}}{0.02}$$

$$\sqrt{n} \geqq 58.8$$

$$n \geqq 3457.44$$

したがって，標本の大きさ n を 3458 以上にすればよい。

問 3　ある意見に対する賛成率は 80% と予想されている。この意見に対する賛成率を信頼度 95% で推定したい。信頼区間の幅を 0.02 以下にするためには，いくつ以上の標本を抽出して調査すればよいか。

略　解

第1章　数列

1　数列と一般項，等差数列 (1)

例1　ア　5　イ　7　ウ　9　エ　11

例2　ア　$5n$

例3　ア　2　イ　2　ウ　13　エ　-5

例4　ア　$7n-5$　イ　65

1　$a_1=-1$，$a_2=2$，$a_3=7$，$a_4=14$

2　$a_n=3n$

3　(1)　初項 1，公差 4

(2)　初項 8，公差 -3

(3)　初項 -12，公差 5

(4)　初項 1，公差 $-\frac{4}{3}$

4　(1)　$a_n=2n+1$

$a_{10}=21$

(2)　$a_n=-3n+13$

$a_{10}=-17$

(3)　$a_n=\frac{1}{2}n+\frac{1}{2}$

$a_{10}=\frac{11}{2}$

(4)　$a_n=-\frac{1}{2}n-\frac{3}{2}$

$a_{10}=-\frac{13}{2}$

2　等差数列 (2)

例5　ア　19

例6　ア　$-6n+15$

例7　ア　23

5　(1)　第 32 項

(2)　第 20 項

6　(1)　$a_n=7n-28$

(2)　$a_n=-3n+23$

7　(1)　第 68 項

(2)　第 333 項

3　等差数列の和

例8　ア　255　イ　154

例9　ア　736

例10　ア　820　イ　625

8　(1)　2100

(2)　611

9　(1)　150

(2)　-182

10　(1)　820

(2)　837

(3)　-285

(4)　$-\frac{11}{6}$

11　(1)　1830

(2)　400

4　等比数列

例11　ア　1　イ　3　ウ　2　エ　-2

例12　ア　$5\times3^{n-1}$　イ　405

ウ　$-3\times(-4)^{n-1}$　エ　-768

例13　ア　$2\times4^{n-1}$　イ　$-2\times(-4)^{n-1}$

12　(1)　初項 3，公比 2

(2)　初項 2，公比 $\frac{2}{5}$

(3)　初項 2，公比 -3

(4)　初項 4，公比 $\sqrt{3}$

13　(1)　$a_n=4\times3^{n-1}$

$a_5=324$

(2)　$a_n=4\times\left(-\frac{1}{3}\right)^{n-1}$

$a_5=\frac{4}{81}$

(3)　$a_n=-(-2)^{n-1}$

$a_5=-16$

(4)　$a_n=5\times(-\sqrt{2})^{n-1}$

$a_5=20$

14　(1)　$a_n=3\times2^{n-1}$　または　$a_n=3\times(-2)^{n-1}$

(2)　$a_n=3\times2^{n-1}$

5　等比数列の和

例14　ア　124

例15　ア　$3^{n+1}-3$　イ　$\frac{1-(-4)^n}{5}$

例16　ア　3　イ　2

15　(1)　364

(2)　-42

(3)　$\frac{665}{8}$

(4)　$-\frac{182}{243}$

16　(1)　$\frac{3^n-1}{2}$

(2)　$\frac{2\{1-(-2)^n\}}{3}$

(3)　$243\left\{1-\left(\frac{2}{3}\right)^n\right\}$

(4) $16\left\{\left(\frac{3}{2}\right)^n-1\right\}$

17 $a=\frac{5}{7}$, $r=2$

確認問題 1

1 (1) $a_n=4n-9$
$a_{10}=31$
(2) $a_n=-2n+9$
$a_{10}=-11$

2 $a_n=-3n+25$

3 第21項

4 (1) 285
(2) 165

5 -592

6 (1) 20100
(2) 2500

7 (1) $a_n=7\times4^{n-1}$
$a_5=1792$
(2) $a_n=-2\times(-3)^{n-1}$
$a_5=-162$

8 $a_n=-2\times3^{n-1}$ または $a_n=2\times(-3)^{n-1}$

9 (1) $\frac{5^n-1}{4}$
(2) $1-(-2)^n$

10 $a=3$, $r=-3$

6 数列の和と Σ 記号

例17 ア 140

例18 ア 7 イ 10 ウ 13
エ 4^2 オ n^2

例19 ア $2k+3$ イ 3^k

例20 ア 16 イ 120 ウ 30

例21 ア 5115 イ $\frac{3^{n+1}-3}{2}$

18 (1) 1240
(2) 4324

19 (1) $3+5+7+9+11$
(2) $3+9+27+81+243+729$
(3) $2\cdot3+3\cdot4+4\cdot5+\cdots\cdots+(n+1)(n+2)$
(4) $3^2+4^2+5^2+\cdots\cdots+(n+1)^2$

20 (1) $\sum_{k=1}^{8}(3k+2)$
(2) $\sum_{k=1}^{10}4^k$

21 (1) 28
(2) 78
(3) 91
(4) 385

22 (1) 1456
(2) $2^{n+1}-2$

7 記号 Σ の性質

例22 ア $n(2n+5)$
イ $\frac{1}{6}n(n-1)(2n-7)$

例23 ア $(n-1)(3n-1)$

例24 ア $\frac{1}{6}n(n+1)(4n+5)$

23 (1) $n(n-4)$
(2) $\frac{1}{2}n(3n+11)$
(3) $\frac{1}{3}n(n+2)(n-2)$
(4) $\frac{1}{2}n(n-1)(2n+3)$

24 (1) $(n-1)(n+3)$
(2) $\frac{1}{3}(n-1)(n+1)(n+3)$

25 (1) $\frac{1}{2}n(n+1)(2n+3)$
(2) $\frac{1}{3}n(n^2+6n+11)$

8 階差数列

例25 ア 1 イ 3 ウ 5 エ 7
オ $2n-1$ カ 3 キ 9 ク 27
ケ 81 コ 3^n

例26 ア n^2+1 イ 2

26 (1) $b_n=n$
(2) $b_n=2n$
(3) $b_n=-2n+7$
(4) $b_n=2^n$
(5) $b_n=3^{n-1}$
(6) $b_n=(-3)^{n-1}$

27 (1) $a_n=\frac{3}{2}n^2-\frac{5}{2}n+2$
(2) $a_n=\frac{3^{n-1}-5}{2}$

9 数列の和と一般項

例27 ア $2n+5$ イ 7

例28 ア $\frac{n}{2n+1}$

28 (1) $a_n=2n-4$
(2) $a_n=6n+1$
(3) $a_n=2\times3^{n-1}$
(4) $a_n=3\times4^n$

29 (1) $\frac{n}{4n+1}$
(2) $\frac{n}{2(3n+2)}$

確認問題 2

1 (1) 45

(2) 105

(3) 1496

(4) 765

(5) $\dfrac{6^{n+1}-6}{5}$

(6) $n(2n-1)$

(7) $\dfrac{1}{3}n(2n^2-3n+4)$

(8) $\dfrac{1}{3}(n-1)(n^2-2n-6)$

2 $\dfrac{1}{2}n(4n^2+n-1)$

3 (1) $a_n=2n^2-5n+4$

(2) $a_n=2^n-3$

4 $a_n=8n-9$

5 $\dfrac{n}{5n+1}$

10 漸化式 (1)

例29 ア 220

例30 ア $7n-6$ イ 2^n

例31 ア $2n^2-3n+4$ イ 3

30 (1) $a_2=5$
$a_3=8$
$a_4=11$
$a_5=14$

(2) $a_2=-6$
$a_3=12$
$a_4=-24$
$a_5=48$

(3) $a_2=11$
$a_3=25$
$a_4=53$
$a_5=109$

(4) $a_2=2$
$a_3=8$
$a_4=33$
$a_5=148$

31 (1) $a_n=6n-4$

(2) $a_n=-4n+19$

(3) $a_n=5\times3^{n-1}$

(4) $a_n=8\times\left(\dfrac{3}{2}\right)^{n-1}$

32 (1) $a_n=\dfrac{1}{3}n^3-\dfrac{1}{2}n^2+\dfrac{1}{6}n+1$

(2) $a_n=\dfrac{3}{2}n^2+\dfrac{1}{2}n+1$

11 漸化式 (2)

例32 ア $6(a_n-2)$

例33 ア 3^n-2

33 (1) $a_{n+1}-1=2(a_n-1)$

(2) $a_{n+1}+2=-3(a_n+2)$

34 (1) $a_n=4^{n-1}+1$

(2) $a_n=4\cdot3^{n-1}-1$

(3) $a_n=2\cdot3^{n-1}+1$

(4) $a_n=7\cdot5^{n-1}-2$

(5) $a_n=-3\left(\dfrac{3}{4}\right)^{n-1}+4$

(6) $a_n=-\dfrac{2}{3}\left(-\dfrac{1}{2}\right)^{n-1}+\dfrac{2}{3}$

12 数学的帰納法

例34 ア $k+1$

例35 ア $5m+1$

35 (1) $3+5+7+\cdots\cdots+(2n+1)=n(n+2)$ ……①

とおく。

[I] $n=1$ のとき

(左辺)=3, (右辺)$=1\cdot3=3$

よって, $n=1$ のとき, ①は成り立つ。

[II] $n=k$ のとき, ①が成り立つと仮定すると

$3+5+7+\cdots\cdots+(2k+1)=k(k+2)$

この式を用いると, $n=k+1$ のときの①の左辺は

$3+5+7+\cdots\cdots+(2k+1)+\{2(k+1)+1\}$
$=k(k+2)+(2k+3)$
$=k^2+4k+3$
$=(k+1)(k+3)$
$=(k+1)\{(k+1)+2\}$

よって, $n=k+1$ のときも①は成り立つ。

[I], [II]から, すべての自然数 n について①が成り立つ。

(2) $1+2+2^2+\cdots\cdots+2^{n-1}=2^n-1$ ……①

とおく。

[I] $n=1$ のとき

(左辺)=1, (右辺)$=2^1-1=1$

よって, $n=1$ のとき, ①は成り立つ。

[II] $n=k$ のとき, ①が成り立つと仮定すると

$1+2+2^2+\cdots\cdots+2^{k-1}=2^k-1$

この式を用いると, $n=k+1$ のときの①の左辺は

$1+2+2^2+\cdots\cdots+2^{k-1}+2^{(k+1)-1}$
$=(2^k-1)+2^k$
$=2\cdot2^k-1$
$=2^{k+1}-1$

よって, $n=k+1$ のときも①は成り立つ。

[I], [II]から, すべての自然数 n について①が成り立つ。

(3) $1\cdot3+2\cdot4+3\cdot5+\cdots\cdots+n(n+2)$

$=\frac{1}{6}n(n+1)(2n+7)$ ……① とおく。

[I] $n=1$ のとき

(左辺)$=1\cdot3=3$，(右辺)$=\frac{1}{6}\cdot1\cdot2\cdot9=3$

よって，$n=1$ のとき，①は成り立つ。

[II] $n=k$ のとき，①が成り立つと仮定すると

$1\cdot3+2\cdot4+3\cdot5+\cdots\cdots+k(k+2)$

$=\frac{1}{6}k(k+1)(2k+7)$

この式を用いると，$n=k+1$ のときの①の左辺は

$1\cdot3+2\cdot4+3\cdot5+\cdots\cdots+k(k+2)+(k+1)\{(k+1)+2\}$

$=\frac{1}{6}k(k+1)(2k+7)+(k+1)(k+3)$

$=\frac{1}{6}(k+1)\{k(2k+7)+6(k+3)\}$

$=\frac{1}{6}(k+1)(2k^2+13k+18)$

$=\frac{1}{6}(k+1)(k+2)(2k+9)$

$=\frac{1}{6}(k+1)\{(k+1)+1\}\{2(k+1)+7\}$

よって，$n=k+1$ のときも①は成り立つ。

[I]，[II]から，すべての自然数nについて①が成り立つ。

36 命題「6^n-1 は 5 の倍数である」を①とする。

[I] $n=1$ のとき $6^1-1=5$

よって，$n=1$ のとき，①は成り立つ。

[II] $n=k$ のとき，①が成り立つと仮定すると，整数 m を用いて

$6^k-1=5m$

と表される。

この式を用いると，$n=k+1$ のとき

$6^{k+1}-1=6\cdot6^k-1$

$=6(5m+1)-1$

$=30m+5$

$=5(6m+1)$

$6m+1$ は整数であるから，$6^{k+1}-1$ は 5 の倍数である。

よって，$n=k+1$ のときも①は成り立つ。

[I]，[II]から，すべての自然数nについて①が成り立つ。

確認問題 3

1 (1) $a_2=3$

$a_3=1$

$a_4=-3$

$a_5=-11$

(2) $a_2=1$

$a_3=5$

$a_4=4$

$a_5=8$

2 (1) $a_n=5n-8$

(2) $a_n=3\times4^{n-1}$

3 (1) $a_n=n^2-4n+5$

(2) $a_n=2n^3+n^2-3n+7$

4 (1) $a_n=4^{n-1}+2$

(2) $a_n=2^n-3$

5 $4+6+8+\cdots\cdots+2(n+1)=n(n+3)$ ……①

とおく。

[I] $n=1$ のとき

(左辺)$=4$，(右辺)$=1\cdot4=4$

よって，$n=1$ のとき，①は成り立つ。

[II] $n=k$ のとき，①が成り立つと仮定すると

$4+6+8+\cdots\cdots+2(k+1)=k(k+3)$

この式を用いると，$n=k+1$ のときの①の左辺は

$4+6+8+\cdots\cdots+2(k+1)+2\{(k+1)+1\}$

$=k(k+3)+2(k+2)$

$=k^2+5k+4$

$=(k+1)(k+4)$

$=(k+1)\{(k+1)+3\}$

よって，$n=k+1$ のときも①は成り立つ。

[I]，[II] から，すべての自然数nについて①が成り立つ。

6 命題「7^n+5 は 6 の倍数である」を①とする。

[I] $n=1$ のとき $7^1+5=12$

よって，$n=1$ のとき，①は成り立つ。

[II] $n=k$ のとき，①が成り立つと仮定すると，整数 m を用いて $7^k+5=6m$ と表される。

この式を用いると，$n=k+1$ のとき

$7^{k+1}+5=7\cdot7^k+5$

$=7(6m-5)+5$

$=42m-30$

$=6(7m-5)$

$7m-5$ は整数であるから，$7^{k+1}+5$ は 6 の倍数である。

よって，$n=k+1$ のときも①は成り立つ。

[I]，[II] から，すべての自然数nについて①が成り立つ。

TRY *PLUS*

問1 $\dfrac{(2n-1)\cdot3^n+1}{2}$

問2 $4^n>6n+3$ ……① とおく。

[I] $n=2$ のとき

(左辺)$=4^2=16$，(右辺)$=6\cdot2+3=15$

よって，$n=2$ のとき，①は成り立つ。

[II] $k\geqq2$ として，$n=k$ のとき，①が成り立つと仮定すると

$4^k>6k+3$

この式を用いて，$n=k+1$ のときも①が成り立つこと，すなわち

$4^{k+1}>6(k+1)+3$ ……②

が成り立つことを示せばよい。

②の両辺の差を考えると

$$\begin{aligned}(\text{左辺})-(\text{右辺})&=4^{k+1}-6(k+1)-3\\&=4\cdot4^k-6k-9\\&>4(6k+3)-6k-9\\&=18k+3\end{aligned}$$

ここで，$k\geqq2$ であるから

$18k+3>0$

よって，②が成り立つから，$n=k+1$ のときも①は成り立つ。

[I]，[II]から，2以上のすべての自然数 n について①が成り立つ。

第2章　確率分布と統計的な推測

13　確率変数と確率分布

例36　ア $\frac{1}{8}$　イ $\frac{3}{8}$　ウ $\frac{3}{8}$　エ $\frac{1}{8}$

例37　ア $\frac{9}{20}$

37

X	1	2	3	4	計
P	$\frac{1}{10}$	$\frac{2}{10}$	$\frac{3}{10}$	$\frac{4}{10}$	1

38

X	0	1	2	3	4	計
P	$\frac{1}{16}$	$\frac{4}{16}$	$\frac{6}{16}$	$\frac{4}{16}$	$\frac{1}{16}$	1

39

X	0	1	2	3	4	5	計
P	$\frac{6}{36}$	$\frac{10}{36}$	$\frac{8}{36}$	$\frac{6}{36}$	$\frac{4}{36}$	$\frac{2}{36}$	1

$P(0\leqq X\leqq2)=\frac{2}{3}$

40

X	1	2	3	4	計
P	$\frac{10}{20}$	$\frac{6}{20}$	$\frac{3}{20}$	$\frac{1}{20}$	1

$P(X\geqq3)=\frac{1}{5}$

14　確率変数の期待値

例38　ア $\frac{6}{5}$

例39　ア 50

例40　ア $\frac{3}{2}$　イ 6　ウ 3

41 $\frac{5}{2}$

42 10点

43 (1) $\frac{7}{2}$

(2) $\frac{41}{2}$

(3) $\frac{91}{6}$

15　確率変数の分散と標準偏差 (1)

例41　ア $\frac{7}{3}$　イ $\frac{5}{9}$　ウ $\frac{\sqrt{5}}{3}$

例42　ア $\frac{16}{45}$　イ $\frac{4\sqrt{5}}{15}$

44 (1) $E(X)=0$

$V(X)=2$

$\sigma(X)=\sqrt{2}$

(2) $E(X)=2$

$V(X)=1$

$\sigma(X)=1$

45 $\sigma(X)=\frac{2\sqrt{5}}{7}$

16　確率変数の分散と標準偏差 (2)

例43　ア -7　イ 36　ウ 6

例44　ア 1300　イ 500

46 (1) $E(3X+1)=13$

$V(3X+1)=18$

$\sigma(3X+1)=3\sqrt{2}$

(2) $E(-X)=-4$

$V(-X)=2$

$\sigma(-X)=\sqrt{2}$

(3) $E(-6X+5)=-19$

$V(-6X+5)=72$

$\sigma(-6X+5)=6\sqrt{2}$

47 期待値は180円，標準偏差は $50\sqrt{3}$ 円

48 $E(Z)=17$

$V(Z)=\frac{140}{3}$

$\sigma(Z)=\frac{2\sqrt{105}}{3}$

17　確率変数の和と積

例45　ア $\frac{21}{2}$

例46　ア 独立ではない

例47　ア $\frac{343}{8}$　イ $\frac{35}{4}$

49 $\frac{7}{2}$ 枚

50 X，Y は互いに独立である。

51 (1) 期待値は $\frac{3}{2}$ 枚

分散は $\frac{3}{4}$

(2) $E(XY)=\frac{9}{4}$

確認問題 4

1

X	1	2	3	4	5	計
P	$\frac{5}{15}$	$\frac{4}{15}$	$\frac{3}{15}$	$\frac{2}{15}$	$\frac{1}{15}$	1

$P(3 \leqq X \leqq 5)=\frac{2}{5}$

2 $E(X)=\frac{6}{5}$

3 $E(X)=4$

4 (1) $E(X)=\frac{9}{5}$

(2) $E(3X-2)=\frac{17}{5}$

5 $E(X)=2$
$V(X)=1$
$\sigma(X)=1$

6 (1) $E(X)=5$
$E(Y)=5$
$V(X)=8$
$V(Y)=5$

(2) $E(XY)=25$

(3) $E(X+Y)=10$
$V(X+Y)=13$

18 二項分布

例48 ア $\frac{15}{32}$

例49 ア 120 イ 40 ウ $2\sqrt{10}$

例50 ア 20 イ 16 ウ 4

52 $P(2 \leqq X \leqq 3)=\frac{35}{64}$

53 $E(X)=100$
$V(X)=\frac{200}{3}$
$\sigma(X)=\frac{10\sqrt{6}}{3}$

54 $E(X)=6$
$V(X)=\frac{144}{25}$
$\sigma(X)=\frac{12}{5}$

19 正規分布 (1)

例51 ア $\frac{3}{4}$

例52 ア 0.4131 イ 0.3944
ウ 0.8223 エ 0.0335

55 $\frac{9}{16}$

56 (1) 0.4265 (2) 0.2257
(3) 0.6469 (4) 0.3474
(5) 0.0531 (6) 0.9772
(7) 0.0968 (8) 0.3085

20 正規分布 (2)

例53 ア 0.8664

例54 ア 0.9270 イ 92.7

例55 ア 0.0228

57 (1) 0.3830
(2) 0.0228
(3) 0.7257
(4) 0.1269

58 0.0013

59 0.8185

確認問題 5

1 $\frac{1}{9}$

2 $E(X)=\frac{75}{2}$
$V(X)=\frac{225}{8}$
$\sigma(X)=\frac{15\sqrt{2}}{4}$

3 $E(X)=225$
$V(X)=\frac{225}{4}$
$\sigma(X)=\frac{15}{2}$

4 (1) 0.3078
(2) 0.0987
(3) 0.7000
(4) 0.2258

5 (1) 0.1915
(2) 0.4013

6 およそ 2.3%

7 0.0808

21 母集団と標本

例56 ア 125 イ 60

例57 ア 2 イ 1 ウ 1

60 復元抽出 81 通り
非復元抽出 72 通り

61 $m=\frac{8}{5}$
$\sigma^2=\frac{11}{25}$
$\sigma=\frac{\sqrt{11}}{5}$

62 $m=-\frac{1}{9}$
$\sigma^2=\frac{80}{81}$
$\sigma=\frac{4\sqrt{5}}{9}$

22 標本平均の分布

例58 ア 3 イ 1

例59 ア 0.9104

63 $E(\overline{X})=3$, $\sigma(\overline{X})=\frac{\sqrt{2}}{2}$

64 0.9544

23 母平均の推定，母比率の推定

例60 ア 44.1 イ 47.1

例61 ア 60.9 イ 61.7

例62 ア 0.02 イ 0.06

65 $36.7 \leqq m \leqq 39.3$

66 50.2 g 以上 51.8 g 以下

67 0.20 以上 0.30 以下

24 仮説検定 (1)

例63 ア いえる

例64 ア いえる

68 「10 本のくじの中に，当たりは 3 本だけ入っている」は誤りといえる。

69 A 店の平均時間は，グループ全体の平均時間と比べて違いがあるといえる。

25 仮説検定 (2)

例65 ア 60.3 イ 89.7
ウ いえる

70 この日の機械には異常があるといえる。

確認問題 6

1 $E(\overline{X})=\frac{11}{5}$, $\sigma(\overline{X})=\frac{\sqrt{7}}{5}$

2 0.1587

3 $30.4 \leqq m \leqq 33.6$

4 0.673 以上 0.767 以下

5 この種子の宣伝は正しいとも正しくないともいえない。

TRY PLUS

問3 6147 以上

ステージノート数学B

●編　者　実教出版編修部
●発行者　小田　良次
●印刷所　寿印刷株式会社

●発行所　実教出版株式会社
〒102-8377
東京都千代田区五番町5
電話<営業>(03)3238-7777
<編修>(03)3238-7785
<総務>(03)3238-7700
https://www.jikkyo.co.jp/

002402023　ISBN 978-4-407-35683-0

ステージノート 数学B　解答編

実教出版編修部 編

第1章　数列

1　数列と一般項，等差数列 (1) (p.2)

例1

ア　5　　イ　7　　ウ　9　　エ　11

例2

ア　$5n$

例3

ア　2　　イ　2　　ウ　13　　エ　-5

例4

ア　$7n-5$　　イ　65

1

$\boldsymbol{a_1=1^2-2=-1}$

$\boldsymbol{a_2=2^2-2=2}$

$\boldsymbol{a_3=3^2-2=7}$

$\boldsymbol{a_4=4^2-2=14}$

2

$a_1=3\times1$，$a_2=3\times2$，$a_3=3\times3$，$a_4=3\times4$，……

であるから　$\boldsymbol{a_n=3n}$

3

(1)　**初項 1，公差 4**

(2)　**初項 8，公差 -3**

(3)　**初項 -12，公差 5**

(4)　**初項 1，公差 $-\dfrac{4}{3}$**

4

(1)　$a_n=3+(n-1)\times2$

$\boldsymbol{=2n+1}$

$\boldsymbol{a_{10}=2\times10+1=21}$

(2)　$a_n=10+(n-1)\times(-3)$

$\boldsymbol{=-3n+13}$

$\boldsymbol{a_{10}=-3\times10+13=-17}$

(3)　$a_n=1+(n-1)\times\dfrac{1}{2}$

$\boldsymbol{=\dfrac{1}{2}n+\dfrac{1}{2}}$

$a_{10}=\dfrac{1}{2}\times10+\dfrac{1}{2}=\boldsymbol{\dfrac{11}{2}}$

(4)　$a_n=-2+(n-1)\times\left(-\dfrac{1}{2}\right)$

$\boldsymbol{=-\dfrac{1}{2}n-\dfrac{3}{2}}$

$a_{10}=-\dfrac{1}{2}\times10-\dfrac{3}{2}=\boldsymbol{-\dfrac{13}{2}}$

2　等差数列 (2) (p.4)

例5

ア　19

例6

ア　$-6n+15$

例7

ア　23

5

(1)　$a_n=1+(n-1)\times3$

$=3n-2$

よって，第 n 項が 94 であるとき

$3n-2=94$

より　$n=32$

したがって，94 は**第 32 項**である。

(2)　$a_n=50+(n-1)\times(-7)$

$=-7n+57$

よって，第 n 項が -83 であるとき

$-7n+57=-83$

より　$n=20$

したがって，-83 は**第 20 項**である。

6

(1)　初項を a，公差を d とすると，一般項は

$a_n=a+(n-1)d$

第 5 項が 7 であるから

$a_5=a+4d=7$　……①

第 13 項が 63 であるから

$a_{13}=a+12d=63$　……②

①，②より　$a=-21$，$d=7$

よって，求める一般項は

$a_n=-21+(n-1)\times7$

すなわち　$\boldsymbol{a_n=7n-28}$

(2)　初項を a，公差を d とすると，一般項は

$a_n=a+(n-1)d$

第 3 項が 14 であるから

$a_3=a+2d=14$　……①

第 7 項が 2 であるから

$a_7=a+6d=2$　……②

①，②より　$a=20$，$d=-3$

よって，求める一般項は

$a_n=20+(n-1)\times(-3)$

すなわち　$\boldsymbol{a_n=-3n+23}$

7

(1)　この等差数列 $\{a_n\}$ の一般項は

$a_n=200+(n-1)\times(-3)=-3n+203$

よって，$-3n+203<0$ となるのは

$n>\frac{203}{3}=67.6\cdots\cdots$

n は自然数であるから　$n\geqq 68$

したがって，初めて負となる項は**第 68 項**である。

(2)　この等差数列 $\{a_n\}$ の一般項は

$a_n=5+(n-1)\times 3=3n+2$

よって，$3n+2>1000$ となるのは

$n>\frac{998}{3}=332.6\cdots\cdots$

n は自然数であるから　$n\geqq 333$

したがって，初めて 1000 を超える項は**第 333 項**である。

3　等差数列の和（p.6）

例 8

ア　255　　**イ**　154

例 9

ア　736

例 10

ア　820　　**イ**　625

8

(1)　$S_{20}=\frac{1}{2}\times 20\times(200+10)=\mathbf{2100}$

(2)　$S_{13}=\frac{1}{2}\times 13\times(11+83)=\mathbf{611}$

9

(1)　$S_{12}=\frac{1}{2}\times 12\times\{2\times(-4)+(12-1)\times 3\}=\mathbf{150}$

(2)　$S_{13}=\frac{1}{2}\times 13\times\{2\times 10+(13-1)\times(-4)\}=\mathbf{-182}$

10

(1)　与えられた等差数列の初項は 3，公差は 4 である。

よって，79 を第 n 項とすると

$3+(n-1)\times 4=79$

これを解くと　$n=20$

よって，求める和 S は

$S=\frac{1}{2}\times 20\times(3+79)=\mathbf{820}$

(2)　与えられた等差数列の初項は -8，公差は 3 である。

よって，70 を第 n 項とすると

$-8+(n-1)\times 3=70$

これを解くと　$n=27$

よって，求める和 S は

$S=\frac{1}{2}\times 27\times(-8+70)=\mathbf{837}$

(3)　-78 を第 n 項とすると

$48+(n-1)\times(-7)=-78$

これを解くと　$n=19$

よって，求める和 S は

$S=\frac{1}{2}\times 19\times\{48+(-78)\}=\mathbf{-285}$

(4)　$-\frac{11}{6}$ を第 n 項とすると

$\frac{3}{2}+(n-1)\times\left(-\frac{1}{3}\right)=-\frac{11}{6}$

これを解くと　$n=11$

よって，求める和 S は

$S=\frac{1}{2}\times 11\times\left\{\frac{3}{2}+\left(-\frac{11}{6}\right)\right\}=\mathbf{-\frac{11}{6}}$

11

(1)　$1+2+3+\cdots\cdots+60$

$=\frac{1}{2}\times 60\times(60+1)=\mathbf{1830}$

(2)　n 番目の奇数は $2n-1$ と表される。

$2n-1=39$ とおくと，$n=20$ であるから

$1+3+5+\cdots\cdots+39=20^2=\mathbf{400}$

4　等比数列（p.8）

例 11

ア　1　　**イ**　3　　**ウ**　2　　**エ**　-2

例 12

ア　$5\times 3^{n-1}$　　**イ**　405

ウ　$-3\times(-4)^{n-1}$　　**エ**　-768

例 13

ア　$2\times 4^{n-1}$　　**イ**　$-2\times(-4)^{n-1}$

12

(1)　**初項 3，公比 2**

(2)　**初項 2，公比 $\frac{2}{5}$**

(3)　**初項 2，公比 -3**

(4)　**初項 4，公比 $\sqrt{3}$**

13

(1)　$\boldsymbol{a_n=4\times 3^{n-1}}$

$a_5=4\times 3^{5-1}$

$=4\times 3^4$

$=\mathbf{324}$

(2)　$\boldsymbol{a_n=4\times\left(-\frac{1}{3}\right)^{n-1}}$

$a_5=4\times\left(-\frac{1}{3}\right)^{5-1}$

$=4\times\left(-\frac{1}{3}\right)^4$

$=\mathbf{\frac{4}{81}}$

(3)　$a_n=-1\times(-2)^{n-1}=\boldsymbol{-(-2)^{n-1}}$

$a_5=-(-2)^{5-1}$

$=-(-2)^4$

$=\mathbf{-16}$

(4)　$\boldsymbol{a_n=5\times(-\sqrt{2})^{n-1}}$

$a_5=5\times(-\sqrt{2})^{5-1}$

$=5\times(-\sqrt{2})^4$

$=\mathbf{20}$

14

(1) 初項を a，公比を r とすると，一般項は

$a_n=ar^{n-1}$

第 3 項が 12 であるから

$a_3=ar^2=12$ ……①

第 5 項が 48 であるから

$a_5=ar^4=48$ ……②

②より $ar^2\times r^2=48$

①を代入すると $12\times r^2=48$

よって，$r^2=4$ より $r=\pm2$

①より $4a=12$ であるから $a=3$

したがって，求める一般項は

$\boldsymbol{a_n=3\times2^{n-1}}$ または $\boldsymbol{a_n=3\times(-2)^{n-1}}$

(2) 初項を a，公比を r とすると，一般項は

$a_n=ar^{n-1}$

第 2 項が 6 であるから

$a_2=ar=6$ ……①

第 5 項が 48 であるから

$a_5=ar^4=48$ ……②

②より $ar\times r^3=48$

①を代入すると $6\times r^3=48$

よって $r^3=8$

r は実数であるから $r=2$

①より $2a=6$ であるから $a=3$

よって $\boldsymbol{a_n=3\times2^{n-1}}$

5 等比数列の和 (p.10)

例 14

ア 124

例 15

ア $3^{n+1}-3$　　**イ** $\dfrac{1-(-4)^n}{5}$

例 16

ア 3　　**イ** 2

15

(1) $S_6=\dfrac{1\times(3^6-1)}{3-1}=\dfrac{729-1}{2}=\dfrac{728}{2}=\boldsymbol{364}$

(2) $S_6=\dfrac{2\times\{1-(-2)^6\}}{1-(-2)}$

$=\dfrac{2\times(1-64)}{3}$

$=\dfrac{2\times(-63)}{3}$

$=2\times(-21)$

$=\boldsymbol{-42}$

(3) $S_6=\dfrac{4\times\left\{\left(\dfrac{3}{2}\right)^6-1\right\}}{\dfrac{3}{2}-1}$

$=\dfrac{4\times\left(\dfrac{729}{64}-1\right)}{\dfrac{1}{2}}$

$=8\times\dfrac{665}{64}$

$=\boldsymbol{\dfrac{665}{8}}$

(4) $S_6=\dfrac{(-1)\times\left\{1-\left(-\dfrac{1}{3}\right)^6\right\}}{1-\left(-\dfrac{1}{3}\right)}$

$=\dfrac{\dfrac{1}{729}-1}{\dfrac{4}{3}}$

$=-\dfrac{728}{729}\div\dfrac{4}{3}$

$=-\dfrac{728}{729}\times\dfrac{3}{4}$

$=\boldsymbol{-\dfrac{182}{243}}$

16

(1) 初項が 1，公比が 3 であるから

$S_n=\dfrac{1\times(3^n-1)}{3-1}=\boldsymbol{\dfrac{3^n-1}{2}}$

(2) 初項が 2，公比が -2 であるから

$S_n=\dfrac{2\times\{1-(-2)^n\}}{1-(-2)}=\boldsymbol{\dfrac{2\{1-(-2)^n\}}{3}}$

(3) 初項が 81，公比が $\dfrac{54}{81}=\dfrac{2}{3}$ であるから

$S_n=\dfrac{81\times\left\{1-\left(\dfrac{2}{3}\right)^n\right\}}{1-\dfrac{2}{3}}$

$=\dfrac{81\times\left\{1-\left(\dfrac{2}{3}\right)^n\right\}}{\dfrac{1}{3}}$

$=\boldsymbol{243\left\{1-\left(\dfrac{2}{3}\right)^n\right\}}$

(4) 初項が 8，公比が $\dfrac{12}{8}=\dfrac{3}{2}$ であるから

$S_n=\dfrac{8\times\left\{\left(\dfrac{3}{2}\right)^n-1\right\}}{\dfrac{3}{2}-1}$

$=\dfrac{8\times\left\{\left(\dfrac{3}{2}\right)^n-1\right\}}{\dfrac{1}{2}}$

$=\boldsymbol{16\left\{\left(\dfrac{3}{2}\right)^n-1\right\}}$

17

$S_3=5$ より $\dfrac{a(r^3-1)}{r-1}=5$ ……①

$S_6=45$ より $\dfrac{a(r^6-1)}{r-1}=45$ ……②

②より

$\dfrac{a(r^3+1)(r^3-1)}{r-1}=45$

①を代入すると

$5(r^3+1)=45$

$r^3+1=9$

$r^3=8$

r は実数であるから　$r=2$

$r=2$ を①に代入すると　$a=\frac{5}{7}$

よって　$\boldsymbol{a=\frac{5}{7},\ r=2}$

確認問題 1 (p.12)

1

(1)　$\boldsymbol{a_n}=-5+(n-1)\times 4$

$\boldsymbol{=4n-9}$

$\boldsymbol{a_{10}}=4\times 10-9\boldsymbol{=31}$

(2)　初項 7，公差 -2 であるから

$\boldsymbol{a_n}=7+(n-1)\times(-2)$

$\boldsymbol{=-2n+9}$

$\boldsymbol{a_{10}}=-2\times 10+9\boldsymbol{=-11}$

2

初項を a，公差を d とすると，一般項は

$a_n=a+(n-1)d$

第 2 項が 19 であるから

$a_2=a+d=19$　……①

第 10 項が -5 であるから

$a_{10}=a+9d=-5$　……②

①，②より　$a=22$，$d=-3$

よって，求める一般項は　$a_n=22+(n-1)\times(-3)$

すなわち　$\boldsymbol{a_n=-3n+25}$

3

この等差数列 $\{a_n\}$ の一般項は

$a_n=77+(n-1)\times(-4)=-4n+81$

よって，$-4n+81<0$ となるのは

$n>\frac{81}{4}=20.25$

n は自然数であるから　$n\geqq 21$

したがって，初めて負となる項は**第 21 項**である。

4

(1)　$S_{10}=\frac{1}{2}\times 10\times(6+51)\boldsymbol{=285}$

(2)　$S_{15}=\frac{1}{2}\times 15\times\{2\times(-10)+(15-1)\times 3\}$

$\boldsymbol{=165}$

5

与えられた等差数列の初項は 8，公差は -6 である。

よって，-82 を第 n 項とすると

$8+(n-1)\times(-6)=-82$

これを解くと　$n=16$

よって，求める和 S は

$S=\frac{1}{2}\times 16\times\{8+(-82)\}\boldsymbol{=-592}$

6

(1)　$1+2+3+\cdots\cdots+200$

$=\frac{1}{2}\times 200\times(200+1)\boldsymbol{=20100}$

(2)　n 番目の奇数は $2n-1$ と表される。

$2n-1=99$ とおくと，$n=50$ であるから

$1+3+5+\cdots\cdots+99=50^2\boldsymbol{=2500}$

7

(1)　$\boldsymbol{a_n=7\times 4^{n-1}}$

$\boldsymbol{a_5}=7\times 4^{5-1}$

$=7\times 4^4$

$\boldsymbol{=1792}$

(2)　初項 -2，公比 -3 であるから

$\boldsymbol{a_n=-2\times(-3)^{n-1}}$

$\boldsymbol{a_5}=-2\times(-3)^{5-1}$

$=-2\times(-3)^4$

$\boldsymbol{=-162}$

8

初項を a，公比を r とすると，一般項は

$a_n=ar^{n-1}$

第 4 項が -54 であるから

$a_4=ar^3=-54$　……①

第 6 項が -486 であるから

$a_6=ar^5=-486$　……②

②より　$ar^3\times r^2=-486$

①を代入すると　$-54\times r^2=-486$

よって，$r^2=9$ より　$r=\pm 3$

①より　$r=3$ のとき　$27a=-54$ より　$a=-2$

$r=-3$ のとき　$-27a=-54$ より　$a=2$

したがって，求める一般項は

$\boldsymbol{a_n=-2\times 3^{n-1}}$　または　$\boldsymbol{a_n=2\times(-3)^{n-1}}$

9

(1)　初項が 1，公比が 5 であるから

$S_n=\frac{1\times(5^n-1)}{5-1}=\boldsymbol{\frac{5^n-1}{4}}$

(2)　初項が 3，公比が -2 であるから

$S_n=\frac{3\times\{1-(-2)^n\}}{1-(-2)}\boldsymbol{=1-(-2)^n}$

10

$S_3=21$ より　$\frac{a(r^3-1)}{r-1}=21$　……①

$S_6=-546$ より　$\frac{a(r^6-1)}{r-1}=-546$　……②

②より

$\frac{a(r^3+1)(r^3-1)}{r-1}=-546$

①を代入すると

$21(r^3+1)=-546$

$r^3+1=-26$

$r^3=-27$

r は実数であるから　$r=-3$

①より　$a=3$

よって　$\boldsymbol{a=3,\ r=-3}$

6　数列の和と Σ 記号（p.14）

例 17

ア　140

例 18

ア　7　　イ　10　　ウ　13

エ　4^2　　オ　n^2

例 19

ア　$2k+3$　　イ　3^k

例 20

ア　16　　イ　120　　ウ　30

例 21

ア　5115　　イ　$\dfrac{3^{n+1}-3}{2}$

18

(1)　$1^2+2^2+3^2+\cdots\cdots+15^2$

$=\dfrac{1}{6}\times15\times(15+1)\times(2\times15+1)$

$=\dfrac{1}{6}\times15\times16\times31$

$=\boldsymbol{1240}$

(2)　$1^2+2^2+3^2+\cdots\cdots+23^2$

$=\dfrac{1}{6}\times23\times(23+1)\times(2\times23+1)$

$=\dfrac{1}{6}\times23\times24\times47$

$=\boldsymbol{4324}$

19

(1)　$\displaystyle\sum_{k=1}^{5}(2k+1)$

$=(2\cdot1+1)+(2\cdot2+1)+(2\cdot3+1)+(2\cdot4+1)+(2\cdot5+1)$

$=\boldsymbol{3+5+7+9+11}$

(2)　$\displaystyle\sum_{k=1}^{6}3^k=3^1+3^2+3^3+3^4+3^5+3^6$

$=\boldsymbol{3+9+27+81+243+729}$

(3)　$\displaystyle\sum_{k=1}^{n}(k+1)(k+2)$

$=(1+1)(1+2)+(2+1)(2+2)$

$+(3+1)(3+2)+\cdots\cdots+(n+1)(n+2)$

$=\boldsymbol{2\cdot3+3\cdot4+4\cdot5+\cdots\cdots+(n+1)(n+2)}$

(4)　$\displaystyle\sum_{k=1}^{n-1}(k+2)^2$

$=(1+2)^2+(2+2)^2+(3+2)^2+\cdots\cdots+\{(n-1)+2\}^2$

$=\boldsymbol{3^2+4^2+5^2+\cdots\cdots+(n+1)^2}$

20

(1)　$5+8+11+14+17+20+23+26$

$=\displaystyle\sum_{k=1}^{8}\{5+(k-1)\times3\}$

$=\displaystyle\sum_{k=1}^{8}\boldsymbol{(3k+2)}$

(2)　$4+4^2+4^3+\cdots\cdots+4^{10}=\displaystyle\sum_{k=1}^{10}\boldsymbol{4^k}$

21

(1)　$\displaystyle\sum_{k=1}^{7}4=7\times4=\boldsymbol{28}$

(2)　$\displaystyle\sum_{k=1}^{12}k=\frac{1}{2}\times12\times(12+1)=\boldsymbol{78}$

(3)　$\displaystyle\sum_{k=1}^{6}k^2=\frac{1}{6}\times6\times(6+1)\times(2\times6+1)=\boldsymbol{91}$

(4)　$\displaystyle\sum_{k=1}^{10}k^2=\frac{1}{6}\times10\times(10+1)\times(2\times10+1)=\boldsymbol{385}$

22

(1)　$\displaystyle\sum_{k=1}^{6}4\cdot3^{k-1}=\frac{4(3^6-1)}{3-1}=\boldsymbol{1456}$

(2)　$\displaystyle\sum_{k=1}^{n}2^k=\sum_{k=1}^{n}2\cdot2^{k-1}=\frac{2(2^n-1)}{2-1}=\boldsymbol{2^{n+1}-2}$

7　記号 Σ の性質（p.16）

例 22

ア　$\boldsymbol{n(2n+5)}$

イ　$\boldsymbol{\dfrac{1}{6}n(n-1)(2n-7)}$

例 23

ア　$\boldsymbol{(n-1)(3n-1)}$

例 24

ア　$\boldsymbol{\dfrac{1}{6}n(n+1)(4n+5)}$

23

(1)　$\displaystyle\sum_{k=1}^{n}(2k-5)$

$=2\displaystyle\sum_{k=1}^{n}k-\sum_{k=1}^{n}5$

$=2\times\dfrac{1}{2}n(n+1)-5n$

$=n(n+1-5)$

$=\boldsymbol{n(n-4)}$

(2)　$\displaystyle\sum_{k=1}^{n}(3k+4)$

$=3\displaystyle\sum_{k=1}^{n}k+\sum_{k=1}^{n}4$

$=3\times\dfrac{1}{2}n(n+1)+4n$

$=\dfrac{1}{2}n\{3(n+1)+8\}$

$=\boldsymbol{\dfrac{1}{2}n(3n+11)}$

(3)　$\displaystyle\sum_{k=1}^{n}(k^2-k-1)$

$=\displaystyle\sum_{k=1}^{n}k^2-\sum_{k=1}^{n}k-\sum_{k=1}^{n}1$

$=\frac{1}{6}n(n+1)(2n+1)-\frac{1}{2}n(n+1)-n$

$=\frac{1}{6}n\{(n+1)(2n+1)-3(n+1)-6\}$

$=\frac{1}{6}n(2n^2-8)$

$=\frac{1}{3}n(n^2-4)$

$\boldsymbol{=\frac{1}{3}n(n+2)(n-2)}$

(4) $\sum_{k=1}^{n}(3k+1)(k-1)$

$=\sum_{k=1}^{n}(3k^2-2k-1)$

$=3\sum_{k=1}^{n}k^2-2\sum_{k=1}^{n}k-\sum_{k=1}^{n}1$

$=3\times\frac{1}{6}n(n+1)(2n+1)-2\times\frac{1}{2}n(n+1)-n$

$=\frac{1}{2}n(n+1)(2n+1)-n(n+1)-n$

$=\frac{1}{2}n\{(n+1)(2n+1)-2(n+1)-2\}$

$=\frac{1}{2}n(2n^2+n-3)$

$\boldsymbol{=\frac{1}{2}n(n-1)(2n+3)}$

24

(1) $\sum_{k=1}^{n-1}(2k+3)$

$=2\sum_{k=1}^{n-1}k+\sum_{k=1}^{n-1}3$

$=2\times\frac{1}{2}(n-1)n+3(n-1)$

$\boldsymbol{=(n-1)(n+3)}$

(2) $\sum_{k=1}^{n-1}(k^2+3k+1)$

$=\sum_{k=1}^{n-1}k^2+3\sum_{k=1}^{n-1}k+\sum_{k=1}^{n-1}1$

$=\frac{1}{6}(n-1)n(2n-1)+3\times\frac{1}{2}(n-1)n+(n-1)$

$=\frac{1}{6}(n-1)\{n(2n-1)+9n+6\}$

$=\frac{1}{6}(n-1)(2n^2+8n+6)$

$=\frac{1}{3}(n-1)(n^2+4n+3)$

$\boldsymbol{=\frac{1}{3}(n-1)(n+1)(n+3)}$

25

(1) この数列の第 k 項は　$k(3k+2)$

よって，求める和 S_n は

$S_n=\sum_{k=1}^{n}k(3k+2)$

$=\sum_{k=1}^{n}(3k^2+2k)$

$=3\sum_{k=1}^{n}k^2+2\sum_{k=1}^{n}k$

$=3\times\frac{1}{6}n(n+1)(2n+1)+2\times\frac{1}{2}n(n+1)$

$=\frac{1}{2}n(n+1)\{(2n+1)+2\}$

$\boldsymbol{=\frac{1}{2}n(n+1)(2n+3)}$

(2) この数列の第 k 項は　$(k+1)(k+2)$

よって，求める和 S_n は

$S_n=\sum_{k=1}^{n}(k+1)(k+2)$

$=\sum_{k=1}^{n}(k^2+3k+2)$

$=\sum_{k=1}^{n}k^2+3\sum_{k=1}^{n}k+\sum_{k=1}^{n}2$

$=\frac{1}{6}n(n+1)(2n+1)+3\times\frac{1}{2}n(n+1)+2n$

$=\frac{1}{6}n\{(n+1)(2n+1)+9(n+1)+12\}$

$=\frac{1}{6}n(2n^2+12n+22)$

$\boldsymbol{=\frac{1}{3}n(n^2+6n+11)}$

8　階差数列 (p.18)

例25

ア	1	イ	3	ウ	5	エ	7
オ	$2n-1$	カ	3	キ	9	ク	27
ケ	81	コ	3^n				

例26

ア	n^2+1	イ	2

26

(1) 2, 3, 5, 8, 12, 17, …… の階差数列 $\{b_n\}$ は

1, 2, 3, 4, 5, …… となり，一般項 b_n は

$\boldsymbol{b_n=n}$

(2) 3, 5, 9, 15, 23, 33, …… の階差数列 $\{b_n\}$ は

2, 4, 6, 8, 10, …… となり，一般項 b_n は

$\boldsymbol{b_n=2n}$

(3) 4, 9, 12, 13, 12, 9, …… の階差数列 $\{b_n\}$ は

5, 3, 1, −1, −3, …… となり，一般項 b_n は

$b_n=5+(n-1)\times(-2)$

$\boldsymbol{=-2n+7}$

(4) 1, 3, 7, 15, 31, 63, …… の階差数列 $\{b_n\}$ は

2, 4, 8, 16, 32, …… となり，一般項 b_n は

$\boldsymbol{b_n=2^n}$

(5) −6, −5, −2, 7, 34, …… の階差数列 $\{b_n\}$ は

1, 3, 9, 27, …… となり，一般項 b_n は

$\boldsymbol{b_n=3^{n-1}}$

(6) 5, 6, 3, 12, −15, …… の階差数列 $\{b_n\}$ は

1, −3, 9, −27, …… となり，一般項 b_n は

$\boldsymbol{b_n=(-3)^{n-1}}$

27

(1) 数列 $\{a_n\}$ の階差数列 $\{b_n\}$ は

2, 5, 8, 11, 14, ……

となり，一般項 b_n は

$b_n=2+(n-1)\times3=3n-1$

ゆえに，$n\geqq2$ のとき

$$a_n=a_1+\sum_{k=1}^{n-1}b_k=1+\sum_{k=1}^{n-1}(3k-1)$$
$$=1+3\sum_{k=1}^{n-1}k-\sum_{k=1}^{n-1}1$$
$$=1+3\times\frac{1}{2}(n-1)n-(n-1)$$
$$=\frac{3}{2}n^2-\frac{5}{2}n+2$$

ここで，$a_n=\frac{3}{2}n^2-\frac{5}{2}n+2$ に

$n=1$ を代入すると

$a_1=\frac{3}{2}-\frac{5}{2}+2=1$

となるから，この式は $n=1$ のときも成り立つ。

よって，求める一般項は　$\boldsymbol{a_n=\frac{3}{2}n^2-\frac{5}{2}n+2}$

(2) 数列 $\{a_n\}$ の階差数列 $\{b_n\}$ は

1, 3, 9, 27, ……

となり，一般項 b_n は

$b_n=3^{n-1}$

ゆえに，$n\geqq2$ のとき

$$a_n=a_1+\sum_{k=1}^{n-1}b_k$$
$$=-2+\sum_{k=1}^{n-1}3^{k-1}$$
$$=-2+\frac{1\times(3^{n-1}-1)}{3-1}$$
$$=\frac{3^{n-1}-5}{2}$$

ここで，$a_n=\frac{3^{n-1}-5}{2}$ に $n=1$ を代入すると

$a_1=\frac{1-5}{2}=-2$

となるから，この式は $n=1$ のときも成り立つ。

よって，求める一般項は　$\boldsymbol{a_n=\frac{3^{n-1}-5}{2}}$

9 数列の和と一般項 (p.20)

例27

ア　$2n+5$　　**イ**　7

例28

ア　$\frac{n}{2n+1}$

28

(1) 初項 a_1 は　$a_1=S_1=1^2-3\times1=-2$

$n\geqq2$ のとき

$$a_n=S_n-S_{n-1}$$
$$=(n^2-3n)-\{(n-1)^2-3(n-1)\}$$
$$=n^2-3n-(n^2-5n+4)$$
$$=2n-4$$

ここで，$a_n=2n-4$ に $n=1$ を代入すると

$a_1=2\times1-4=-2$

となるから，この式は $n=1$ のときも成り立つ。

よって，求める一般項は　$\boldsymbol{a_n=2n-4}$

(2) 初項 a_1 は　$a_1=S_1=3\times1^2+4\times1=7$

$n\geqq2$ のとき

$$a_n=S_n-S_{n-1}$$
$$=(3n^2+4n)-\{3(n-1)^2+4(n-1)\}$$
$$=3n^2+4n-(3n^2-2n-1)$$
$$=6n+1$$

ここで，$a_n=6n+1$ に $n=1$ を代入すると

$a_1=6\times1+1=7$

となるから，この式は $n=1$ のときも成り立つ。

よって，求める一般項は　$\boldsymbol{a_n=6n+1}$

(3) 初項 a_1 は　$a_1=S_1=3^1-1=3-1=2$

$n\geqq2$ のとき

$$a_n=S_n-S_{n-1}$$
$$=(3^n-1)-(3^{n-1}-1)$$
$$=3^n-3^{n-1}$$
$$=3\times3^{n-1}-3^{n-1}$$
$$=2\times3^{n-1}$$

ここで，$a_n=2\times3^{n-1}$ に $n=1$ を代入すると

$a_1=2\times3^{1-1}=2$

となるから，この式は $n=1$ のときも成り立つ。

よって，求める一般項は　$\boldsymbol{a_n=2\times3^{n-1}}$

(4) 初項 a_1 は　$a_1=S_1=4^2-4=12$

$n\geqq2$ のとき

$$a_n=S_n-S_{n-1}$$
$$=(4^{n+1}-4)-\{4^{(n-1)+1}-4\}=4^{n+1}-4^n$$
$$=4\times4^n-4^n=3\times4^n$$

ここで，$a_n=3\times4^n$ に $n=1$ を代入すると

$a_1=3\times4^1=12$

となるから，この式は $n=1$ のときも成り立つ。

よって，求める一般項は　$\boldsymbol{a_n=3\times4^n}$

29

(1) $S_n=\frac{1}{1\cdot5}+\frac{1}{5\cdot9}+\frac{1}{9\cdot13}$

$$+\cdots\cdots+\frac{1}{(4n-3)(4n+1)}$$
$$=\frac{1}{4}\left(\frac{1}{1}-\frac{1}{5}\right)+\frac{1}{4}\left(\frac{1}{5}-\frac{1}{9}\right)+\frac{1}{4}\left(\frac{1}{9}-\frac{1}{13}\right)$$
$$+\cdots\cdots+\frac{1}{4}\left(\frac{1}{4n-3}-\frac{1}{4n+1}\right)$$
$$=\frac{1}{4}\left(\frac{1}{1}-\frac{1}{5}+\frac{1}{5}-\frac{1}{9}+\frac{1}{9}-\frac{1}{13}\right.$$
$$\left.+\cdots\cdots+\frac{1}{4n-3}-\frac{1}{4n+1}\right)$$
$$=\frac{1}{4}\left(1-\frac{1}{4n+1}\right)$$

$=\frac{1}{4}\times\frac{4n}{4n+1}$

$=\boldsymbol{\frac{n}{4n+1}}$

(2) $S_n=\frac{1}{2\cdot5}+\frac{1}{5\cdot8}+\frac{1}{8\cdot11}+\cdots\cdots+\frac{1}{(3n-1)(3n+2)}$

$=\frac{1}{3}\left(\frac{1}{2}-\frac{1}{5}\right)+\frac{1}{3}\left(\frac{1}{5}-\frac{1}{8}\right)+\frac{1}{3}\left(\frac{1}{8}-\frac{1}{11}\right)+\cdots\cdots+\frac{1}{3}\left(\frac{1}{3n-1}-\frac{1}{3n+2}\right)$

$=\frac{1}{3}\left(\frac{1}{2}-\frac{1}{5}+\frac{1}{5}-\frac{1}{8}+\frac{1}{8}-\frac{1}{11}+\cdots\cdots+\frac{1}{3n-1}-\frac{1}{3n+2}\right)$

$=\frac{1}{3}\left(\frac{1}{2}-\frac{1}{3n+2}\right)$

$=\frac{1}{3}\times\frac{3n}{2(3n+2)}$

$=\boldsymbol{\frac{n}{2(3n+2)}}$

確認問題 2 (p.22)

1

(1) $\sum_{k=1}^{9}5=9\times5=\mathbf{45}$

(2) $\sum_{k=1}^{14}k=\frac{1}{2}\times14\times(14+1)=\mathbf{105}$

(3) $\sum_{k=1}^{16}k^2=\frac{1}{6}\times16\times(16+1)\times(2\times16+1)$

$=\mathbf{1496}$

(4) $\sum_{k=1}^{8}3\cdot2^{k-1}=\frac{3(2^8-1)}{2-1}=\mathbf{765}$

(5) $\sum_{k=1}^{n}6^k=\sum_{k=1}^{n}6\cdot6^{k-1}$

$=\frac{6(6^n-1)}{6-1}=\boldsymbol{\frac{6^{n+1}-6}{5}}$

(6) $\sum_{k=1}^{n}(4k-3)=4\sum_{k=1}^{n}k-\sum_{k=1}^{n}3$

$=4\times\frac{1}{2}n(n+1)-3n$

$=2n(n+1)-3n$

$=\boldsymbol{n(2n-1)}$

(7) $\sum_{k=1}^{n}(2k^2-4k+3)$

$=2\sum_{k=1}^{n}k^2-4\sum_{k=1}^{n}k+\sum_{k=1}^{n}3$

$=2\times\frac{1}{6}n(n+1)(2n+1)-4\times\frac{1}{2}n(n+1)+3n$

$=\frac{1}{3}n(n+1)(2n+1)-2n(n+1)+3n$

$=\frac{1}{3}n\{(n+1)(2n+1)-6(n+1)+9\}$

$=\boldsymbol{\frac{1}{3}n(2n^2-3n+4)}$

(8) $\sum_{k=1}^{n-1}(k+1)(k-2)$

$=\sum_{k=1}^{n-1}(k^2-k-2)$

$=\sum_{k=1}^{n-1}k^2-\sum_{k=1}^{n-1}k-\sum_{k=1}^{n-1}2$

$=\frac{1}{6}(n-1)n(2n-1)-\frac{1}{2}(n-1)n-2(n-1)$

$=\frac{1}{6}(n-1)\{n(2n-1)-3n-12\}$

$=\frac{1}{6}(n-1)(2n^2-4n-12)$

$=\boldsymbol{\frac{1}{3}(n-1)(n^2-2n-6)}$

2

この数列の第 k 項は　$(2k-1)(3k-1)$

よって，求める和 S_n は

$S_n=\sum_{k=1}^{n}(2k-1)(3k-1)$

$=\sum_{k=1}^{n}(6k^2-5k+1)$

$=6\sum_{k=1}^{n}k^2-5\sum_{k=1}^{n}k+\sum_{k=1}^{n}1$

$=6\times\frac{1}{6}n(n+1)(2n+1)-5\times\frac{1}{2}n(n+1)+n$

$=\frac{1}{2}n\{2(n+1)(2n+1)-5(n+1)+2\}$

$=\boldsymbol{\frac{1}{2}n(4n^2+n-1)}$

3

(1) 数列 $\{a_n\}$ の階差数列 $\{b_n\}$ は

1, 5, 9, 13, ……

となり，一般項 b_n は

$b_n=1+(n-1)\times4=4n-3$

ゆえに，$n\geqq2$ のとき

$a_n=a_1+\sum_{k=1}^{n-1}b_k=1+\sum_{k=1}^{n-1}(4k-3)$

$=1+4\sum_{k=1}^{n-1}k-\sum_{k=1}^{n-1}3$

$=1+4\times\frac{1}{2}(n-1)n-3(n-1)$

$=2n^2-5n+4$

ここで，$a_n=2n^2-5n+4$ に

$n=1$ を代入すると

$a_1=2-5+4=1$

となるから，この式は $n=1$ のときも成り立つ。

よって，求める一般項は　$\boldsymbol{a_n=2n^2-5n+4}$

(2) 数列 $\{a_n\}$ の階差数列 $\{b_n\}$ は

2, 4, 8, 16, 32, ……

となり，一般項 b_n は

$b_n=2^n$

ゆえに，$n\geqq2$ のとき

$a_n=a_1+\sum_{k=1}^{n-1}b_k$

$=-1+\sum_{k=1}^{n-1}2^k$

$=-1+\sum_{k=1}^{n-1}2\cdot 2^{k-1}$

$=-1+\dfrac{2(2^{n-1}-1)}{2-1}$

$=2^n-3$

ここで，$a_n=2^n-3$ に $n=1$ を代入すると

$a_1=2-3=-1$

となるから，この式は $n=1$ のときも成り立つ。

よって，求める一般項は　$\boldsymbol{a_n=2^n-3}$

4

初項 a_1 は　$a_1=S_1=4\times1^2-5\times1=-1$

$n\geqq2$ のとき

$a_n=S_n-S_{n-1}$

$=(4n^2-5n)-\{4(n-1)^2-5(n-1)\}$

$=4n^2-5n-(4n^2-13n+9)$

$=8n-9$

ここで，$a_n=8n-9$ に $n=1$ を代入すると

$a_1=8\times1-9=-1$

となるから，この式は $n=1$ のときも成り立つ。

よって，求める一般項は　$\boldsymbol{a_n=8n-9}$

5

$S_n=\dfrac{1}{1\cdot6}+\dfrac{1}{6\cdot11}+\dfrac{1}{11\cdot16}+\cdots\cdots+\dfrac{1}{(5n-4)(5n+1)}$

$=\dfrac{1}{5}\left(\dfrac{1}{1}-\dfrac{1}{6}\right)+\dfrac{1}{5}\left(\dfrac{1}{6}-\dfrac{1}{11}\right)+\dfrac{1}{5}\left(\dfrac{1}{11}-\dfrac{1}{16}\right)+\cdots\cdots+\dfrac{1}{5}\left(\dfrac{1}{5n-4}-\dfrac{1}{5n+1}\right)$

$=\dfrac{1}{5}\left(\dfrac{1}{1}-\dfrac{1}{6}+\dfrac{1}{6}-\dfrac{1}{11}+\dfrac{1}{11}-\dfrac{1}{16}+\cdots\cdots+\dfrac{1}{5n-4}-\dfrac{1}{5n+1}\right)$

$=\dfrac{1}{5}\left(1-\dfrac{1}{5n+1}\right)=\boldsymbol{\dfrac{n}{5n+1}}$

10　漸化式 (1) (p.24)

例 29

ア　220

例 30

ア　$7n-6$　　　　**イ**　2^n

例 31

ア　$2n^2-3n+4$　　　　**イ**　3

30

(1)　$\boldsymbol{a_2}=a_1+3=2+3=\boldsymbol{5}$

$\boldsymbol{a_3}=a_2+3=5+3=\boldsymbol{8}$

$\boldsymbol{a_4}=a_3+3=8+3=\boldsymbol{11}$

$\boldsymbol{a_5}=a_4+3=11+3=\boldsymbol{14}$

(2)　$\boldsymbol{a_2}=-2a_1=-2\times3=\boldsymbol{-6}$

$\boldsymbol{a_3}=-2a_2=-2\times(-6)=\boldsymbol{12}$

$\boldsymbol{a_4}=-2a_3=-2\times12=\boldsymbol{-24}$

$\boldsymbol{a_5}=-2a_4=-2\times(-24)=\boldsymbol{48}$

(3)　$\boldsymbol{a_2}=2a_1+3=2\times4+3=\boldsymbol{11}$

$\boldsymbol{a_3}=2a_2+3=2\times11+3=\boldsymbol{25}$

$\boldsymbol{a_4}=2a_3+3=2\times25+3=\boldsymbol{53}$

$\boldsymbol{a_5}=2a_4+3=2\times53+3=\boldsymbol{109}$

(4)　$\boldsymbol{a_2}=1a_1+1^2=1\times1+1=\boldsymbol{2}$

$\boldsymbol{a_3}=2a_2+2^2=2\times2+4=\boldsymbol{8}$

$\boldsymbol{a_4}=3a_3+3^2=3\times8+9=\boldsymbol{33}$

$\boldsymbol{a_5}=4a_4+4^2=4\times33+16=\boldsymbol{148}$

31

(1)　数列 $\{a_n\}$ は，初項 2，公差 6 の等差数列であるから

$\boldsymbol{a_n}=2+(n-1)\times6=\boldsymbol{6n-4}$

(2)　数列 $\{a_n\}$ は，初項 15，公差 -4 の等差数列であるから

$\boldsymbol{a_n}=15+(n-1)\times(-4)=\boldsymbol{-4n+19}$

(3)　数列 $\{a_n\}$ は，初項 5，公比 3 の等比数列であるから

$\boldsymbol{a_n=5\times3^{n-1}}$

(4)　数列 $\{a_n\}$ は，初項 8，公比 $\dfrac{3}{2}$ の等比数列であるから

$\boldsymbol{a_n=8\times\left(\dfrac{3}{2}\right)^{n-1}}$

32

(1)　$a_{n+1}=a_n+n^2$ より

$a_{n+1}-a_n=n^2$ であるから，

数列 $\{a_n\}$ の階差数列を $\{b_n\}$ とすると

$b_n=n^2$

ゆえに，$n\geqq2$ のとき

$a_n=a_1+\sum_{k=1}^{n-1}k^2$

$=1+\dfrac{1}{6}(n-1)n(2n-1)$

$=1+\dfrac{1}{6}(2n^3-3n^2+n)$

$=\dfrac{1}{3}n^3-\dfrac{1}{2}n^2+\dfrac{1}{6}n+1$

ここで，$a_n=\dfrac{1}{3}n^3-\dfrac{1}{2}n^2+\dfrac{1}{6}n+1$ に

$n=1$ を代入すると

$a_1=\dfrac{1}{3}-\dfrac{1}{2}+\dfrac{1}{6}+1=1$

となるから，この式は $n=1$ のときも成り立つ。

よって，求める一般項は

$\boldsymbol{a_n=\dfrac{1}{3}n^3-\dfrac{1}{2}n^2+\dfrac{1}{6}n+1}$

(2)　$a_{n+1}=a_n+3n+2$ より

$a_{n+1}-a_n=3n+2$ であるから，

数列 $\{a_n\}$ の階差数列を $\{b_n\}$ とすると

$b_n=3n+2$

ゆえに，$n\geqq2$ のとき

$a_n=a_1+\sum_{k=1}^{n-1}(3k+2)$

$=3+\dfrac{3}{2}n(n-1)+2(n-1)$

$=\frac{3}{2}n^2+\frac{1}{2}n+1$

ここで，$a_n=\frac{3}{2}n^2+\frac{1}{2}n+1$ に

$n=1$ を代入すると

$a_1=\frac{3}{2}+\frac{1}{2}+1=3$

となるから，この式は $n=1$ のときも成り立つ。

よって，求める一般項は

$\boldsymbol{a_n=\frac{3}{2}n^2+\frac{1}{2}n+1}$

11　漸化式 (2) (p.26)

例32

ア　$6(a_n-2)$

例33

ア　3^n-2

33

(1)　$\alpha=2\alpha-1$ とおくと　$\alpha=1$

よって　　$\boldsymbol{a_{n+1}-1=2(a_n-1)}$

(2)　$\alpha=-3\alpha-8$ とおくと　$\alpha=-2$

よって　　$\boldsymbol{a_{n+1}+2=-3(a_n+2)}$

34

(1)　与えられた漸化式を変形すると

$a_{n+1}-1=4(a_n-1)$

ここで，$b_n=a_n-1$ とおくと

$b_{n+1}=4b_n$，$b_1=a_1-1=2-1=1$

よって，数列 $\{b_n\}$ は，初項 1，公比 4 の等比数列であるから

$b_n=1\cdot4^{n-1}=4^{n-1}$

したがって，数列 $\{a_n\}$ の一般項は，$a_n=b_n+1$ より

$\boldsymbol{a_n=4^{n-1}+1}$

(2)　与えられた漸化式を変形すると

$a_{n+1}+1=3(a_n+1)$

ここで，$b_n=a_n+1$ とおくと

$b_{n+1}=3b_n$，$b_1=a_1+1=3+1=4$

よって，数列 $\{b_n\}$ は，初項 4，公比 3 の等比数列であるから

$b_n=4\cdot3^{n-1}$

したがって，数列 $\{a_n\}$ の一般項は，$a_n=b_n-1$ より

$\boldsymbol{a_n=4\cdot3^{n-1}-1}$

(3)　与えられた漸化式を変形すると

$a_{n+1}-1=3(a_n-1)$

ここで，$b_n=a_n-1$ とおくと

$b_{n+1}=3b_n$，$b_1=a_1-1=3-1=2$

よって，数列 $\{b_n\}$ は，初項 2，公比 3 の等比数列であるから

$b_n=2\cdot3^{n-1}$

したがって，数列 $\{a_n\}$ の一般項は，$a_n=b_n+1$ より

$\boldsymbol{a_n=2\cdot3^{n-1}+1}$

(4)　与えられた漸化式を変形すると

$a_{n+1}+2=5(a_n+2)$

ここで，$b_n=a_n+2$ とおくと

$b_{n+1}=5b_n$，$b_1=a_1+2=5+2=7$

よって，数列 $\{b_n\}$ は，初項 7，公比 5 の等比数列であるから

$b_n=7\cdot5^{n-1}$

したがって，数列 $\{a_n\}$ の一般項は，$a_n=b_n-2$ より

$\boldsymbol{a_n=7\cdot5^{n-1}-2}$

(5)　与えられた漸化式を変形すると

$a_{n+1}-4=\frac{3}{4}(a_n-4)$

ここで，$b_n=a_n-4$ とおくと

$b_{n+1}=\frac{3}{4}b_n$，$b_1=a_1-4=1-4=-3$

よって，数列 $\{b_n\}$ は，初項 -3，公比 $\frac{3}{4}$ の等比数列であるから

$b_n=-3\left(\frac{3}{4}\right)^{n-1}$

したがって，数列 $\{a_n\}$ の一般項は，$a_n=b_n+4$ より

$\boldsymbol{a_n=-3\left(\frac{3}{4}\right)^{n-1}+4}$

(6)　与えられた漸化式を変形すると

$a_{n+1}-\frac{2}{3}=-\frac{1}{2}\left(a_n-\frac{2}{3}\right)$

ここで，$b_n=a_n-\frac{2}{3}$ とおくと

$b_{n+1}=-\frac{1}{2}b_n$，$b_1=a_1-\frac{2}{3}=0-\frac{2}{3}=-\frac{2}{3}$

よって，数列 $\{b_n\}$ は，初項 $-\frac{2}{3}$，公比 $-\frac{1}{2}$ の等比数列であるから

$b_n=-\frac{2}{3}\left(-\frac{1}{2}\right)^{n-1}$

したがって，数列 $\{a_n\}$ の一般項は，$a_n=b_n+\frac{2}{3}$ より

$\boldsymbol{a_n=-\frac{2}{3}\left(-\frac{1}{2}\right)^{n-1}+\frac{2}{3}}$

12　数学的帰納法 (p.28)

例34

ア　$k+1$

例35

ア　$5m+1$

35

(1)　$3+5+7+\cdots\cdots+(2n+1)=n(n+2)$ ……①

とおく。

[I]　$n=1$ のとき

(左辺)$=3$，(右辺)$=1\cdot3=3$

よって，$n=1$ のとき，①は成り立つ。

[II]　$n=k$ のとき，①が成り立つと仮定すると

$3+5+7+\cdots\cdots+(2k+1)=k(k+2)$

この式を用いると，$n=k+1$ のときの①の左辺は

$3+5+7+\cdots\cdots+(2k+1)+\{2(k+1)+1\}$

$=k(k+2)+(2k+3)$

$=k^2+4k+3$

$=(k+1)(k+3)$

$=(k+1)\{(k+1)+2\}$

よって，$n=k+1$ のときも①は成り立つ。

[I]，[II]から，すべての自然数 n について①が成り立つ。

(2) $1+2+2^2+\cdots\cdots+2^{n-1}=2^n-1$ ……①

とおく。

[I] $n=1$ のとき

(左辺)$=1$，(右辺)$=2^1-1=1$

よって，$n=1$ のとき，①は成り立つ。

[II] $n=k$ のとき，①が成り立つと仮定すると

$1+2+2^2+\cdots\cdots+2^{k-1}=2^k-1$

この式を用いると，$n=k+1$ のときの①の左辺は

$1+2+2^2+\cdots\cdots+2^{k-1}+2^{(k+1)-1}$

$=(2^k-1)+2^k$

$=2\cdot 2^k-1$

$=2^{k+1}-1$

よって，$n=k+1$ のときも①は成り立つ。

[I]，[II]から，すべての自然数 n について①が成り立つ。

(3) $1\cdot 3+2\cdot 4+3\cdot 5+\cdots\cdots+n(n+2)$

$=\frac{1}{6}n(n+1)(2n+7)$ ……①　とおく。

[I] $n=1$ のとき

(左辺)$=1\cdot 3=3$，(右辺)$=\frac{1}{6}\cdot 1\cdot 2\cdot 9=3$

よって，$n=1$ のとき，①は成り立つ。

[II] $n=k$ のとき，①が成り立つと仮定すると

$1\cdot 3+2\cdot 4+3\cdot 5+\cdots\cdots+k(k+2)$

$=\frac{1}{6}k(k+1)(2k+7)$

この式を用いると，$n=k+1$ のときの①の左辺は

$1\cdot 3+2\cdot 4+3\cdot 5+\cdots\cdots+k(k+2)+(k+1)\{(k+1)+2\}$

$=\frac{1}{6}k(k+1)(2k+7)+(k+1)(k+3)$

$=\frac{1}{6}(k+1)\{k(2k+7)+6(k+3)\}$

$=\frac{1}{6}(k+1)(2k^2+13k+18)$

$=\frac{1}{6}(k+1)(k+2)(2k+9)$

$=\frac{1}{6}(k+1)\{(k+1)+1\}\{2(k+1)+7\}$

よって，$n=k+1$ のときも①は成り立つ。

[I]，[II]から，すべての自然数 n について①が成り立つ。

36

命題「6^n-1 は5の倍数である」を①とする。

[I] $n=1$ のとき　$6^1-1=5$

よって，$n=1$ のとき，①は成り立つ。

[II] $n=k$ のとき，①が成り立つと仮定すると，整数 m を用いて

$6^k-1=5m$

と表される。

この式を用いると，$n=k+1$ のとき

$6^{k+1}-1=6\cdot 6^k-1$

$=6(5m+1)-1$

$=30m+5$

$=5(6m+1)$

$6m+1$ は整数であるから，$6^{k+1}-1$ は5の倍数である。

よって，$n=k+1$ のときも①は成り立つ。

[I]，[II]から，すべての自然数 n について①が成り立つ。

確認問題 3 (p.30)

1

(1) $a_2=2a_1-5=2\times 4-5=\mathbf{3}$

$a_3=2a_2-5=2\times 3-5=\mathbf{1}$

$a_4=2a_3-5=2\times 1-5=\mathbf{-3}$

$a_5=2a_4-5=2\times(-3)-5=\mathbf{-11}$

(2) $a_2=-a_1+3\times 1=-2+3=\mathbf{1}$

$a_3=-a_2+3\times 2=-1+6=\mathbf{5}$

$a_4=-a_3+3\times 3=-5+9=\mathbf{4}$

$a_5=-a_4+3\times 4=-4+12=\mathbf{8}$

2

(1) 数列 $\{a_n\}$ は，初項 -3，公差5の等差数列であるから

$a_n=-3+(n-1)\times 5=\mathbf{5n-8}$

(2) 数列 $\{a_n\}$ は，初項3，公比4の等比数列であるから

$a_n=\mathbf{3\times 4^{n-1}}$

3

(1) $a_{n+1}=a_n+2n-3$ より

$a_{n+1}-a_n=2n-3$ であるから，

数列 $\{a_n\}$ の階差数列を $\{b_n\}$ とすると

$b_n=2n-3$

ゆえに，$n\geqq 2$ のとき

$a_n=a_1+\sum_{k=1}^{n-1}(2k-3)$

$=2+2\times\frac{1}{2}n(n-1)-3(n-1)$

$=n^2-4n+5$

ここで，$a_n=n^2-4n+5$ に $n=1$ を代入すると

$a_1=1-4+5=2$

となるから，この式は $n=1$ のときも成り立つ。

よって，求める一般項は

$a_n=\mathbf{n^2-4n+5}$

(2) $a_{n+1}=a_n+6n^2+8n$ より

$a_{n+1}-a_n=6n^2+8n$ であるから，

数列 $\{a_n\}$ の階差数列を $\{b_n\}$ とすると

$b_n=6n^2+8n$

ゆえに，$n\geqq 2$ のとき

$a_n=a_1+\sum_{k=1}^{n-1}(6k^2+8k)$

$=7+6\times\frac{1}{6}(n-1)n(2n-1)+8\times\frac{1}{2}n(n-1)$

$=2n^3+n^2-3n+7$

ここで，$a_n=2n^3+n^2-3n+7$ に

$n=1$ を代入すると

$a_1=2+1-3+7=7$

となるから，この式は $n=1$ のときも成り立つ。

よって，求める一般項は

$\boldsymbol{a_n=2n^3+n^2-3n+7}$

4

(1) 与えられた漸化式を変形すると

$a_{n+1}-2=4(a_n-2)$

ここで，$b_n=a_n-2$ とおくと

$b_{n+1}=4b_n$，$b_1=a_1-2=3-2=1$

よって，数列 $\{b_n\}$ は，初項 1，公比 4 の等比数列であるから

$b_n=1\cdot 4^{n-1}=4^{n-1}$

したがって，数列 $\{a_n\}$ の一般項は，$a_n=b_n+2$ より

$\boldsymbol{a_n=4^{n-1}+2}$

(2) 与えられた漸化式を変形すると

$a_{n+1}+3=2(a_n+3)$

ここで，$b_n=a_n+3$ とおくと

$b_{n+1}=2b_n$，$b_1=a_1+3=-1+3=2$

よって，数列 $\{b_n\}$ は，初項 2，公比 2 の等比数列であるから

$b_n=2\cdot 2^{n-1}=2^n$

したがって，数列 $\{a_n\}$ の一般項は，$a_n=b_n-3$ より

$\boldsymbol{a_n=2^n-3}$

5

$4+6+8+\cdots\cdots+2(n+1)=n(n+3)$ ……①

とおく。

[I] $n=1$ のとき

(左辺)$=4$，(右辺)$=1\cdot 4=4$

よって，$n=1$ のとき，①は成り立つ。

[II] $n=k$ のとき，①が成り立つと仮定すると

$4+6+8+\cdots\cdots+2(k+1)=k(k+3)$

この式を用いると，$n=k+1$ のときの①の左辺は

$4+6+8+\cdots\cdots+2(k+1)+2\{(k+1)+1\}$

$=k(k+3)+2(k+2)$

$=k^2+5k+4$

$=(k+1)(k+4)$

$=(k+1)\{(k+1)+3\}$

よって，$n=k+1$ のときも①は成り立つ。

[I]，[II] から，すべての自然数 n について①が成り立つ。

6

命題「7^n+5 は 6 の倍数である」を①とする。

[I] $n=1$ のとき　$7^1+5=12$

よって，$n=1$ のとき，①は成り立つ。

[II] $n=k$ のとき，①が成り立つと仮定すると，整数 m を用いて $7^k+5=6m$ と表される。

この式を用いると，$n=k+1$ のとき

$7^{k+1}+5=7\cdot 7^k+5$

$=7(6m-5)+5$

$=42m-30$

$=6(7m-5)$

$7m-5$ は整数であるから，$7^{k+1}+5$ は 6 の倍数である。

よって，$n=k+1$ のときも①は成り立つ。

[I]，[II] から，すべての自然数 n について①が成り立つ。

TRY *PLUS* (p.32)

問1

$S_n=2\cdot 1+4\cdot 3+6\cdot 3^2+8\cdot 3^3+\cdots\cdots+2n\cdot 3^{n-1}$ ……①

において，①の両辺に 3 を掛けると

$3S_n=2\cdot 3+4\cdot 3^2+6\cdot 3^3+\cdots\cdots+2(n-1)\cdot 3^{n-1}+2n\cdot 3^n$ ……②

①−② より

$$\begin{array}{rl} S_n= & 2\cdot 1+4\cdot 3+6\cdot 3^2+\cdots\cdots+2n\cdot 3^{n-1} \\ -)\ 3S_n= & \qquad 2\cdot 3+4\cdot 3^2+\cdots\cdots+2(n-1)\cdot 3^{n-1}+2n\cdot 3^n \\ \hline -2S_n= & 2\cdot 1+2\cdot 3+2\cdot 3^2+\cdots\cdots+2\cdot 3^{n-1} \qquad -2n\cdot 3^n \end{array}$$

$-2S_n=2\cdot 1+2\cdot 3+2\cdot 3^2+\cdots\cdots+2\cdot 3^{n-1}-2n\cdot 3^n$

$=\frac{2(3^n-1)}{3-1}-2n\cdot 3^n$

$=3^n-1-2n\cdot 3^n$

$=(1-2n)\cdot 3^n-1$

よって

$S_n=\frac{(1-2n)\cdot 3^n-1}{-2}$

$=\boldsymbol{\frac{(2n-1)\cdot 3^n+1}{2}}$

問2

$4^n>6n+3$ ……①　とおく。

[I] $n=2$ のとき

(左辺)$=4^2=16$，(右辺)$=6\cdot 2+3=15$

よって，$n=2$ のとき，①は成り立つ。

[II] $k\geqq 2$ として，$n=k$ のとき，①が成り立つと仮定すると

$4^k>6k+3$

この式を用いて，$n=k+1$ のときも①が成り立つこと，すなわち

$4^{k+1}>6(k+1)+3$ ……②

が成り立つことを示せばよい。

②の両辺の差を考えると

(左辺)−(右辺)$=4^{k+1}-6(k+1)-3$

$=4\cdot 4^k-6k-9$

$>4(6k+3)-6k-9$

$=18k+3$

ここで，$k\geqq 2$ であるから

$18k+3>0$

よって，②が成り立つから，$n=k+1$ のときも①は成り立つ。

[I]，[II]から，2以上のすべての自然数 n について①が成り立つ。

第2章　確率分布と統計的な推測

13　確率変数と確率分布（p.34）

例36

ア $\frac{1}{8}$　イ $\frac{3}{8}$　ウ $\frac{3}{8}$　エ $\frac{1}{8}$

例37

ア $\frac{9}{20}$

37

X のとり得る値は 1, 2, 3, 4 であり，X の確率分布は次の表のようになる。

X	1	2	3	4	計
P	$\frac{1}{10}$	$\frac{2}{10}$	$\frac{3}{10}$	$\frac{4}{10}$	1

38

X のとり得る値は 0, 1, 2, 3, 4 である。

$$P(X=0)={}_4C_0\left(\frac{1}{2}\right)^0\left(1-\frac{1}{2}\right)^{4-0}=\frac{1}{16}$$

$$P(X=1)={}_4C_1\left(\frac{1}{2}\right)^1\left(1-\frac{1}{2}\right)^{4-1}=\frac{4}{16}$$

$$P(X=2)={}_4C_2\left(\frac{1}{2}\right)^2\left(1-\frac{1}{2}\right)^{4-2}=\frac{6}{16}$$

$$P(X=3)={}_4C_3\left(\frac{1}{2}\right)^3\left(1-\frac{1}{2}\right)^{4-3}=\frac{4}{16}$$

$$P(X=4)={}_4C_4\left(\frac{1}{2}\right)^4\left(1-\frac{1}{2}\right)^{4-4}=\frac{1}{16}$$

であるから，X の確率分布は次の表のようになる。

X	0	1	2	3	4	計
P	$\frac{1}{16}$	$\frac{4}{16}$	$\frac{6}{16}$	$\frac{4}{16}$	$\frac{1}{16}$	1

39

次の表より，出る目の差の絶対値 X のとり得る値は 0, 1, 2, 3, 4, 5 である。

	1	2	3	4	5	6
1	0	1	2	3	4	5
2	1	0	1	2	3	4
3	2	1	0	1	2	3
4	3	2	1	0	1	2
5	4	3	2	1	0	1
6	5	4	3	2	1	0

ゆえに，X の確率分布は次の表のようになる。

X	0	1	2	3	4	5	計
P	$\frac{6}{36}$	$\frac{10}{36}$	$\frac{8}{36}$	$\frac{6}{36}$	$\frac{4}{36}$	$\frac{2}{36}$	1

よって

$$P(0\leqq X\leqq 2)=\frac{6}{36}+\frac{10}{36}+\frac{8}{36}=\frac{24}{36}=\boldsymbol{\frac{2}{3}}$$

40

X のとり得る値は，1, 2, 3, 4 である。

$X=4$ となるのは，4, 5, 6 のカードを引いた場合であるか

ら

$$P(X=4)=\frac{1}{{}_6C_3}=\frac{1}{20}$$

$X=3$ となるのは，3 のカードと 4, 5, 6 のカードから 2 枚引いた場合であるから

$$P(X=3)=\frac{{}_3C_2}{{}_6C_3}=\frac{3}{20}$$

$X=2$ となるのは，2 のカードと 3，4，5，6 のカードから 2 枚引いた場合であるから

$$P(X=2)=\frac{{}_4C_2}{{}_6C_3}=\frac{6}{20}$$

$X=1$ となるのは，1 のカードと 2，3，4，5，6 のカードから 2 枚引いた場合であるから

$$P(X=1)=\frac{{}_5C_2}{{}_6C_3}=\frac{10}{20}$$

ゆえに，X の確率分布は次の表のようになる。

X	1	2	3	4	計
P	$\frac{10}{20}$	$\frac{6}{20}$	$\frac{3}{20}$	$\frac{1}{20}$	1

よって

$$P(X\geqq 3)=\frac{3}{20}+\frac{1}{20}=\mathbf{\frac{1}{5}}$$

14　確率変数の期待値 (p.36)

例 38

ア　$\frac{6}{5}$

例 39

ア　50

例 40

ア　$\frac{3}{2}$　　**イ**　6　　**ウ**　3

41

X のとり得る値は 0，1，2，3，4，5 である。

$$P(X=0)=\frac{{}_5C_0}{2^5}=\frac{1}{32},\ P(X=1)=\frac{{}_5C_1}{2^5}=\frac{5}{32},$$

$$P(X=2)=\frac{{}_5C_2}{2^5}=\frac{10}{32},\ P(X=3)=\frac{{}_5C_3}{2^5}=\frac{10}{32},$$

$$P(X=4)=\frac{{}_5C_4}{2^5}=\frac{5}{32},\ P(X=5)=\frac{{}_5C_5}{2^5}=\frac{1}{32}$$

であるから，X の確率分布は次の表のようになる。

X	0	1	2	3	4	5	計
P	$\frac{1}{32}$	$\frac{5}{32}$	$\frac{10}{32}$	$\frac{10}{32}$	$\frac{5}{32}$	$\frac{1}{32}$	1

よって，X の期待値 $E(X)$ は

$$E(X)=0\cdot\frac{1}{32}+1\cdot\frac{5}{32}+2\cdot\frac{10}{32}+3\cdot\frac{10}{32}+4\cdot\frac{5}{32}+5\cdot\frac{1}{32}$$
$$=\mathbf{\frac{5}{2}}$$

42

得点を X (点) とすると，X のとり得る値は 25，5，0 である。

$$P(X=25)=\frac{{}_4C_2}{{}_7C_2}=\frac{6}{21}$$

$$P(X=5)=\frac{{}_4C_1\times{}_3C_1}{{}_7C_2}=\frac{12}{21}$$

$$P(X=0)=\frac{{}_3C_2}{{}_7C_2}=\frac{3}{21}$$

であるから，X の確率分布は次の表のようになる。

X	25	5	0	計
P	$\frac{6}{21}$	$\frac{12}{21}$	$\frac{3}{21}$	1

よって，X の期待値 $E(X)$ は

$$E(X)=25\cdot\frac{6}{21}+5\cdot\frac{12}{21}+0\cdot\frac{3}{21}=10$$

すなわち，得点の期待値は **10 点**である。

43

X の確率分布は次の表のようになる。

X	1	2	3	4	5	6	計
P	$\frac{1}{6}$	$\frac{1}{6}$	$\frac{1}{6}$	$\frac{1}{6}$	$\frac{1}{6}$	$\frac{1}{6}$	1

(1)　$E(X)=1\cdot\frac{1}{6}+2\cdot\frac{1}{6}+3\cdot\frac{1}{6}+4\cdot\frac{1}{6}+5\cdot\frac{1}{6}+6\cdot\frac{1}{6}$

$=\mathbf{\frac{7}{2}}$

(2)　(1)より

$E(5X+3)=5E(X)+3$

$=5\cdot\frac{7}{2}+3=\mathbf{\frac{41}{2}}$

(3)　$E(X^2)=1^2\cdot\frac{1}{6}+2^2\cdot\frac{1}{6}+3^2\cdot\frac{1}{6}+4^2\cdot\frac{1}{6}+5^2\cdot\frac{1}{6}+6^2\cdot\frac{1}{6}$

$=\mathbf{\frac{91}{6}}$

15　確率変数の分散と標準偏差 (1) (p.38)

例 41

ア　$\frac{7}{3}$　　**イ**　$\frac{5}{9}$　　**ウ**　$\frac{\sqrt{5}}{3}$

例 42

ア　$\frac{16}{45}$　　**イ**　$\frac{4\sqrt{5}}{15}$

44

(1)　$E(X)=(-2)\cdot\frac{1}{6}+(-1)\cdot\frac{2}{6}+1\cdot\frac{2}{6}+2\cdot\frac{1}{6}=\mathbf{0}$

$V(X)=(-2-0)^2\cdot\frac{1}{6}+(-1-0)^2\cdot\frac{2}{6}$

$+(1-0)^2\cdot\frac{2}{6}+(2-0)^2\cdot\frac{1}{6}=\mathbf{2}$

$\sigma(X)=\sqrt{V(X)}=\mathbf{\sqrt{2}}$

(2)　X のとり得る値は 0，1，2，3，4 である。

$$P(X=0)=\frac{{}_4C_0}{2^4}=\frac{1}{16},\ P(X=1)=\frac{{}_4C_1}{2^4}=\frac{4}{16},$$

$$P(X=2)=\frac{{}_4C_2}{2^4}=\frac{6}{16},\ P(X=3)=\frac{{}_4C_3}{2^4}=\frac{4}{16},$$

$$P(X=4)=\frac{{}_4C_4}{2^4}=\frac{1}{16}$$

であるから，X の確率分布は次の表のようになる。

X	0	1	2	3	4	計
P	$\frac{1}{16}$	$\frac{4}{16}$	$\frac{6}{16}$	$\frac{4}{16}$	$\frac{1}{16}$	1

よって

$$E(X)=0\cdot\frac{1}{16}+1\cdot\frac{4}{16}+2\cdot\frac{6}{16}+3\cdot\frac{4}{16}+4\cdot\frac{1}{16}=\mathbf{2}$$

$$V(X)=(0-2)^2\cdot\frac{1}{16}+(1-2)^2\cdot\frac{4}{16}+(2-2)^2\cdot\frac{6}{16}+(3-2)^2\cdot\frac{4}{16}+(4-2)^2\cdot\frac{1}{16}=\mathbf{1}$$

$$\sigma(X)=\sqrt{V(X)}=\mathbf{1}$$

45

X のとり得る値は 0，1，2 である。

$$P(X=0)=\frac{{}_4C_2}{{}_7C_2}=\frac{6}{21}$$

$$P(X=1)=\frac{{}_3C_1\times{}_4C_1}{{}_7C_2}=\frac{12}{21}$$

$$P(X=2)=\frac{{}_3C_2}{{}_7C_2}=\frac{3}{21}$$

であるから，X の確率分布は次の表のようになる。

X	0	1	2	計
P	$\frac{6}{21}$	$\frac{12}{21}$	$\frac{3}{21}$	1

よって

$$E(X)=0\cdot\frac{6}{21}+1\cdot\frac{12}{21}+2\cdot\frac{3}{21}=\frac{6}{7}$$

$$E(X^2)=0^2\cdot\frac{6}{21}+1^2\cdot\frac{12}{21}+2^2\cdot\frac{3}{21}=\frac{8}{7}$$

したがって

$$V(X)=E(X^2)-\{E(X)\}^2=\frac{8}{7}-\left(\frac{6}{7}\right)^2=\frac{20}{49}$$

$$\sigma(X)=\sqrt{V(X)}=\sqrt{\frac{20}{49}}=\mathbf{\frac{2\sqrt{5}}{7}}$$

16　確率変数の分散と標準偏差 (2) (p.40)

例 43

ア　-7　　**イ**　36　　**ウ**　6

例 44

ア　1300　　**イ**　500

46

$E(X)=4$，$V(X)=2$，$\sigma(X)=\sqrt{2}$ である。

(1) $E(3X+1)=3E(X)+1=3\cdot4+1=\mathbf{13}$

$V(3X+1)=3^2V(X)=9\cdot2=\mathbf{18}$

$\sigma(3X+1)=|3|\sigma(X)=3\cdot\sqrt{2}=\mathbf{3\sqrt{2}}$

(2) $E(-X)=-E(X)=\mathbf{-4}$

$V(-X)=(-1)^2V(X)=1\cdot2=\mathbf{2}$

$\sigma(-X)=|-1|\sigma(X)=1\cdot\sqrt{2}=\mathbf{\sqrt{2}}$

(3) $E(-6X+5)=-6E(X)+5=-6\cdot4+5=\mathbf{-19}$

$V(-6X+5)=(-6)^2V(X)=36\cdot2=\mathbf{72}$

$\sigma(-6X+5)=|-6|\sigma(X)=6\cdot\sqrt{2}=\mathbf{6\sqrt{2}}$

47

表の出る枚数を X とすると，X の確率分布は次の表のようになる。

X	0	1	2	3	計
P	$\frac{1}{8}$	$\frac{3}{8}$	$\frac{3}{8}$	$\frac{1}{8}$	1

ゆえに

$$E(X)=0\cdot\frac{1}{8}+1\cdot\frac{3}{8}+2\cdot\frac{3}{8}+3\cdot\frac{1}{8}=\frac{3}{2}$$

$$E(X^2)=0^2\cdot\frac{1}{8}+1^2\cdot\frac{3}{8}+2^2\cdot\frac{3}{8}+3^2\cdot\frac{1}{8}=3$$

X の分散と標準偏差は

$$V(X)=E(X^2)-\{E(X)\}^2=3-\left(\frac{3}{2}\right)^2=\frac{3}{4}$$

$$\sigma(X)=\sqrt{V(X)}=\sqrt{\frac{3}{4}}=\frac{\sqrt{3}}{2}$$

よって，得られる金額 $100X+30$ の期待値と標準偏差は

$$E(100X+30)=100E(X)+30=100\cdot\frac{3}{2}+30=180$$

$$\sigma(100X+30)=|100|\sigma(X)=100\cdot\frac{\sqrt{3}}{2}=50\sqrt{3}$$

したがって，得られる金額の**期待値は 180 円，標準偏差は $50\sqrt{3}$ 円**

48

さいころの出る目の数を X とすると，X の確率分布は次の表のようになる。

X	1	2	3	4	5	6	計
P	$\frac{1}{6}$	$\frac{1}{6}$	$\frac{1}{6}$	$\frac{1}{6}$	$\frac{1}{6}$	$\frac{1}{6}$	1

ゆえに

$$E(X)=1\cdot\frac{1}{6}+2\cdot\frac{1}{6}+3\cdot\frac{1}{6}+4\cdot\frac{1}{6}+5\cdot\frac{1}{6}+6\cdot\frac{1}{6}=\frac{7}{2}$$

$$E(X^2)=1^2\cdot\frac{1}{6}+2^2\cdot\frac{1}{6}+3^2\cdot\frac{1}{6}+4^2\cdot\frac{1}{6}+5^2\cdot\frac{1}{6}+6^2\cdot\frac{1}{6}=\frac{91}{6}$$

X の分散と標準偏差は

$$V(X)=E(X^2)-\{E(X)\}^2=\frac{91}{6}-\left(\frac{7}{2}\right)^2=\frac{35}{12}$$

$$\sigma(X)=\sqrt{V(X)}=\sqrt{\frac{35}{12}}=\frac{\sqrt{105}}{6}$$

$Z=4X+3$ であるから

$$E(Z)=E(4X+3)=4E(X)+3=4\cdot\frac{7}{2}+3=\mathbf{17}$$

$$V(Z)=V(4X+3)=4^2V(X)=16\cdot\frac{35}{12}=\mathbf{\frac{140}{3}}$$

第2章　確率分布と統計的な推測

$\sigma(Z)=\sigma(4X+3)$
$=|4|\sigma(X)$
$=4\sigma(X)$
$=4\cdot\frac{\sqrt{105}}{6}=\mathbf{\frac{2\sqrt{105}}{3}}$

17 確率変数の和と積 (p.42)

例45

ア $\frac{21}{2}$

例46

ア 独立ではない

例47

ア $\frac{343}{8}$ **イ** $\frac{35}{4}$

49

7枚の硬貨それぞれの表の出る枚数を X_1, X_2, X_3, X_4, X_5, X_6, X_7 とする。
このとき,

$E(X_1)=E(X_2)=E(X_3)=E(X_4)$
$=E(X_5)=E(X_6)=E(X_7)=\frac{1}{2}$

であるから, $X_1+X_2+X_3+X_4+X_5+X_6+X_7$ の期待値は

$E(X_1+X_2+X_3+X_4+X_5+X_6+X_7)$
$=E(X_1)+E(X_2)+E(X_3)+E(X_4)+E(X_5)+E(X_6)+E(X_7)$
$=\frac{1}{2}+\frac{1}{2}+\frac{1}{2}+\frac{1}{2}+\frac{1}{2}+\frac{1}{2}+\frac{1}{2}=\mathbf{\frac{7}{2}}$ **(枚)**

50

X, Y の確率分布は次の表のようになる。

X	0	1	計
P	$\frac{1}{2}$	$\frac{1}{2}$	1

Y	0	3	計
P	$\frac{1}{3}$	$\frac{2}{3}$	1

$X=0$ かつ $Y=0$ となるのは, さいころの目が2のときであるから, $P(X=0,\ Y=0)=\frac{1}{6}$

$P(X=0)=\frac{1}{2}$, $P(Y=0)=\frac{1}{3}$ より

$P(X=0,\ Y=0)=P(X=0)\cdot P(Y=0)$

が成り立つ。

$X=0$ かつ $Y=3$ となるのは, さいころの目が4と6のときであるから, $P(X=0,\ Y=3)=\frac{1}{3}$

$P(X=0)=\frac{1}{2}$, $P(Y=3)=\frac{2}{3}$ より

$P(X=0,\ Y=3)=P(X=0)\cdot P(Y=3)$

が成り立つ。

$X=1$ かつ $Y=0$ となるのは, さいころの目が1のときであるから, $P(X=1,\ Y=0)=\frac{1}{6}$

$P(X=1)=\frac{1}{2}$, $P(Y=0)=\frac{1}{3}$ より

$P(X=1,\ Y=0)=P(X=1)\cdot P(Y=0)$

が成り立つ。

$X=1$ かつ $Y=3$ となるのは, さいころの目が3と5のときであるから, $P(X=1,\ Y=3)=\frac{1}{3}$

$P(X=1)=\frac{1}{2}$, $P(Y=3)=\frac{2}{3}$ より

$P(X=1,\ Y=3)=P(X=1)\cdot P(Y=3)$

が成り立つ。

よって, X のとり得る値 a と Y のとり得る値 b のどのような組に対しても

$P(X=a,\ Y=b)=P(X=a)\cdot P(Y=b)$

が成り立つから, **X, Y は互いに独立である。**

51

(1) 求める期待値は

$\frac{1}{2}+\frac{1}{2}+\frac{1}{2}=\mathbf{\frac{3}{2}}$ **(枚)**

それぞれは互いに独立であるから, 求める分散は

$\frac{1}{4}+\frac{1}{4}+\frac{1}{4}=\mathbf{\frac{3}{4}}$

(2) (1)より, $E(X)=E(Y)=\frac{3}{2}$ であり, X, Y は互いに独立であるから

$E(XY)=E(X)\cdot E(Y)$
$=\frac{3}{2}\times\frac{3}{2}=\mathbf{\frac{9}{4}}$

確認問題4 (p.44)

1

X のとり得る値は1, 2, 3, 4, 5であり, X の確率分布は次の表のようになる。

X	1	2	3	4	5	計
P	$\frac{5}{15}$	$\frac{4}{15}$	$\frac{3}{15}$	$\frac{2}{15}$	$\frac{1}{15}$	1

よって

$P(3\leqq X\leqq 5)=\frac{3}{15}+\frac{2}{15}+\frac{1}{15}=\mathbf{\frac{2}{5}}$

2

X のとり得る値は0, 1, 2である。

$P(X=0)=\frac{{}_2C_2}{{}_5C_2}=\frac{1}{10}$

$P(X=1)=\frac{{}_3C_1\times{}_2C_1}{{}_5C_2}=\frac{6}{10}$

$P(X=2)=\frac{{}_3C_2}{{}_5C_2}=\frac{3}{10}$

であるから, X の確率分布は次の表のようになる。

X	0	1	2	計
P	$\frac{1}{10}$	$\frac{6}{10}$	$\frac{3}{10}$	1

よって, X の期待値 $E(X)$ は

$E(X)=0\cdot\frac{1}{10}+1\cdot\frac{6}{10}+2\cdot\frac{3}{10}=\mathbf{\frac{6}{5}}$

3

X のとり得る値は 2, 3, 4, 5 である。

5枚のカードから同時に2枚のカードを取り出す場合の数は ${}_5C_2=10$（通り）であり，

$X=k$（$k=2, 3, 4, 5$）となるのは $k-1$（通り）である。

$$P(X=2)=\frac{1}{10},\ P(X=3)=\frac{2}{10},$$

$$P(X=4)=\frac{3}{10},\ P(X=5)=\frac{4}{10}$$

であるから，X の確率分布は次の表のようになる。

X	2	3	4	5	計
P	$\frac{1}{10}$	$\frac{2}{10}$	$\frac{3}{10}$	$\frac{4}{10}$	1

よって，X の期待値 $E(X)$ は

$$E(X)=2\cdot\frac{1}{10}+3\cdot\frac{2}{10}+4\cdot\frac{3}{10}+5\cdot\frac{4}{10}=\mathbf{4}$$

4

(1) X のとり得る値は 1, 2, 3 である。

$$P(X=1)=\frac{{}_3C_1\times{}_2C_2}{{}_5C_3}=\frac{3}{10}$$

$$P(X=2)=\frac{{}_3C_2\times{}_2C_1}{{}_5C_3}=\frac{6}{10}$$

$$P(X=3)=\frac{{}_3C_3}{{}_5C_3}=\frac{1}{10}$$

であるから，X の確率分布は次の表のようになる。

X	1	2	3	計
P	$\frac{3}{10}$	$\frac{6}{10}$	$\frac{1}{10}$	1

よって，X の期待値 $E(X)$ は

$$E(X)=1\cdot\frac{3}{10}+2\cdot\frac{6}{10}+3\cdot\frac{1}{10}=\mathbf{\frac{9}{5}}$$

(2) $E(3X-2)=3E(X)-2$

$$=3\cdot\frac{9}{5}-2$$

$$=\mathbf{\frac{17}{5}}$$

5

X の確率分布は次の表のようになる。

X	1	2	3	4	計
P	$\frac{4}{10}$	$\frac{3}{10}$	$\frac{2}{10}$	$\frac{1}{10}$	1

よって

$$E(X)=1\cdot\frac{4}{10}+2\cdot\frac{3}{10}+3\cdot\frac{2}{10}+4\cdot\frac{1}{10}$$

$$=\mathbf{2}$$

$$V(X)=(1-2)^2\cdot\frac{4}{10}+(2-2)^2\cdot\frac{3}{10}$$

$$+(3-2)^2\cdot\frac{2}{10}+(4-2)^2\cdot\frac{1}{10}$$

$$=\mathbf{1}$$

$$\sigma(X)=\sqrt{V(X)}=\mathbf{1}$$

6

(1) $E(X)=1\cdot\frac{1}{5}+3\cdot\frac{1}{5}+5\cdot\frac{1}{5}+7\cdot\frac{1}{5}+9\cdot\frac{1}{5}$

$$=\mathbf{5}$$

$$E(Y)=2\cdot\frac{1}{4}+4\cdot\frac{1}{4}+6\cdot\frac{1}{4}+8\cdot\frac{1}{4}$$

$$=\mathbf{5}$$

$$E(X^2)=1^2\cdot\frac{1}{5}+3^2\cdot\frac{1}{5}+5^2\cdot\frac{1}{5}+7^2\cdot\frac{1}{5}+9^2\cdot\frac{1}{5}$$

$$=33$$

$$E(Y^2)=2^2\cdot\frac{1}{4}+4^2\cdot\frac{1}{4}+6^2\cdot\frac{1}{4}+8^2\cdot\frac{1}{4}$$

$$=30$$

よって

$$V(X)=E(X^2)-\{E(X)\}^2$$

$$=33-5^2=\mathbf{8}$$

$$V(Y)=E(Y^2)-\{E(Y)\}^2$$

$$=30-5^2=\mathbf{5}$$

(2) X, Y は互いに独立であるから

$$E(XY)=E(X)\cdot E(Y)$$

$$=5\cdot5=\mathbf{25}$$

(3) $E(X+Y)=E(X)+E(Y)$

$$=5+5=\mathbf{10}$$

X, Y は互いに独立であるから

$$V(X+Y)=V(X)+V(Y)$$

$$=8+5=\mathbf{13}$$

18　二項分布（p.46）

例48

ア $\mathbf{\frac{15}{32}}$

例49

ア **120**　　**イ** **40**　　**ウ** $\mathbf{2\sqrt{10}}$

例50

ア **20**　　**イ** **16**　　**ウ** **4**

52

硬貨を1回投げるとき，表の出る確率は $\frac{1}{2}$ であるから，X は二項分布 $B\left(6,\ \frac{1}{2}\right)$ に従う。

よって

$$P(X=r)={}_6C_r\left(\frac{1}{2}\right)^r\left(1-\frac{1}{2}\right)^{6-r}={}_6C_r\left(\frac{1}{2}\right)^6$$

$$(r=0,\ 1,\ 2,\ 3,\ 4,\ 5,\ 6)$$

より

$$P(2\leqq X\leqq3)=P(X=2)+P(X=3)$$

$$={}_6C_2\left(\frac{1}{2}\right)^6+{}_6C_3\left(\frac{1}{2}\right)^6$$

$$=\frac{15}{64}+\frac{20}{64}=\mathbf{\frac{35}{64}}$$

53

さいころを 1 回投げて，2 以下の目の出る確率は $\frac{1}{3}$ である。

よって，X は二項分布 $B\left(300,\ \frac{1}{3}\right)$ に従うから

$E(X)=300\times\frac{1}{3}=\mathbf{100}$

$V(X)=300\times\frac{1}{3}\times\left(1-\frac{1}{3}\right)=\mathbf{\frac{200}{3}}$

$\sigma(X)=\sqrt{\frac{200}{3}}=\mathbf{\frac{10\sqrt{6}}{3}}$

54

この菓子を 150 個買うとき，当たる確率は $\frac{1}{25}$ であるから，

X は二項分布 $B\left(150,\ \frac{1}{25}\right)$ に従う。

よって，X の期待値，分散，標準偏差は

$E(X)=150\times\frac{1}{25}=\mathbf{6}$

$V(X)=150\times\frac{1}{25}\times\left(1-\frac{1}{25}\right)=\mathbf{\frac{144}{25}}$

$\sigma(X)=\sqrt{\frac{144}{25}}=\mathbf{\frac{12}{5}}$

19 正規分布 (1) (p.48)

例 51

ア $\mathbf{\frac{3}{4}}$

例 52

ア **0.4131**　　**イ** **0.3944**

ウ **0.8223**　　**エ** **0.0335**

55

$P(0\leqq X\leqq 3)=\int_0^3\frac{1}{8}x\,dx=\mathbf{\frac{9}{16}}$

56

(1) $P(0\leqq Z\leqq 1.45)=\mathbf{0.4265}$

(2) $P(-0.6\leqq Z\leqq 0)=P(0\leqq Z\leqq 0.6)$
$=\mathbf{0.2257}$

(3) $P(-1.7\leqq Z\leqq 0.5)$
$=P(-1.7\leqq Z\leqq 0)+P(0\leqq Z\leqq 0.5)$
$=P(0\leqq Z\leqq 1.7)+P(0\leqq Z\leqq 0.5)$
$=0.4554+0.1915$
$=\mathbf{0.6469}$

(4) $P(0.39\leqq Z\leqq 3.12)$
$=P(0\leqq Z\leqq 3.12)-P(0\leqq Z\leqq 0.39)$
$=0.4991-0.1517$
$=\mathbf{0.3474}$

(5) $P(-2.57\leqq Z\leqq -1.57)$
$=P(1.57\leqq Z\leqq 2.57)$
$=P(0\leqq Z\leqq 2.57)-P(0\leqq Z\leqq 1.57)$
$=0.4949-0.4418$
$=\mathbf{0.0531}$

(6) $P(Z\leqq 2)$
$=P(Z\leqq 0)+P(0\leqq Z\leqq 2)$
$=0.5+0.4772$
$=\mathbf{0.9772}$

(7) $P(Z\geqq 1.3)$
$=P(Z\geqq 0)-P(0\leqq Z\leqq 1.3)$
$=0.5-0.4032$
$=\mathbf{0.0968}$

(8) $P(Z\leqq -0.5)$
$=P(Z\geqq 0.5)$
$=P(Z\geqq 0)-P(0\leqq Z\leqq 0.5)$
$=0.5-0.1915$
$=\mathbf{0.3085}$

20 正規分布 (2) (p.50)

例 53

ア **0.8664**

例 54

ア **0.9270**　　**イ** **92.7**

例 55

ア **0.0228**

57

$Z=\frac{X-50}{10}$ とおくと，Z は標準正規分布 $N(0,\ 1)$ に従う。

(1) $X=45$ のとき　$Z=\frac{45-50}{10}=-0.5$

$X=55$ のとき　$Z=\frac{55-50}{10}=0.5$ であるから

$P(45\leqq X\leqq 55)$
$=P(-0.5\leqq Z\leqq 0.5)$
$=P(-0.5\leqq Z\leqq 0)+P(0\leqq Z\leqq 0.5)$
$=P(0\leqq Z\leqq 0.5)+P(0\leqq Z\leqq 0.5)$
$=2P(0\leqq Z\leqq 0.5)$
$=2\times 0.1915=\mathbf{0.3830}$

(2) $X=70$ のとき　$Z=\frac{70-50}{10}=2$ であるから

$P(70\leqq X)=P(2\leqq Z)$
$=P(0\leqq Z)-P(0\leqq Z\leqq 2)$
$=0.5-0.4772=\mathbf{0.0228}$

(3) $X=56$ のとき　$Z=\frac{56-50}{10}=0.6$ であるから

$P(X\leqq 56)=P(Z\leqq 0.6)$
$=P(Z\leqq 0)+P(0\leqq Z\leqq 0.6)$
$=0.5+0.2257=\mathbf{0.7257}$

(4) $X=57$ のとき　$Z=\frac{57-50}{10}=0.7$

$X=62$ のとき　$Z=\frac{62-50}{10}=1.2$ であるから

$P(57\leqq X\leqq 62)$
$=P(0.7\leqq Z\leqq 1.2)$

$=P(0\leqq Z\leqq 1.2)-P(0\leqq Z\leqq 0.7)$
$=0.3849-0.2580=\mathbf{0.1269}$

58

1 缶の重さを X g とすると，X は正規分布 $N(203,\ 1^2)$ に従う。

$Z=\dfrac{X-203}{1}$ すなわち $Z=X-203$ とおくと，Z は標準正規分布 $N(0,\ 1)$ に従う。

$X=200$ のとき　$Z=200-203=-3$ であるから

$$\begin{aligned}P(X\leqq 200)&=P(Z\leqq -3)\\&=P(3\leqq Z)\\&=P(0\leqq Z)-P(0\leqq Z\leqq 3)\\&=0.5-0.4987\\&=\mathbf{0.0013}\end{aligned}$$

59

表の出る回数を X とすると，X は二項分布 $B\left(1600,\ \dfrac{1}{2}\right)$ に従う。X の期待値 m と標準偏差 σ は

$$m=1600\times\frac{1}{2}=800$$

$$\sigma=\sqrt{1600\times\frac{1}{2}\times\left(1-\frac{1}{2}\right)}=\sqrt{400}=20$$

よって，$Z=\dfrac{X-800}{20}$ とおくと，Z は近似的に標準正規分布 $N(0,\ 1)$ に従う。

$X=780$ のとき　$Z=\dfrac{780-800}{20}=-1$

$X=840$ のとき　$Z=\dfrac{840-800}{20}=2$

したがって

$$\begin{aligned}P(780\leqq X\leqq 840)&=P(-1\leqq Z\leqq 2)\\&=P(-1\leqq Z\leqq 0)+P(0\leqq Z\leqq 2)\\&=P(0\leqq Z\leqq 1)+P(0\leqq Z\leqq 2)\\&=0.3413+0.4772\\&=\mathbf{0.8185}\end{aligned}$$

確認問題 5 (p.52)

1

さいころを 1 回投げるとき，3 以上の目が出る確率は $\dfrac{2}{3}$ であるから，X は二項分布 $B\left(4,\ \dfrac{2}{3}\right)$ に従う。

よって

$$P(X=r)={}_4\mathrm{C}_r\left(\frac{2}{3}\right)^r\left(1-\frac{2}{3}\right)^{4-r}={}_4\mathrm{C}_r\left(\frac{2}{3}\right)^r\left(\frac{1}{3}\right)^{4-r}$$

$(r=0,\ 1,\ 2,\ 3,\ 4)$

より

$$\begin{aligned}P(X\leqq 1)&=P(X=0)+P(X=1)\\&={}_4\mathrm{C}_0\left(\frac{2}{3}\right)^0\left(\frac{1}{3}\right)^4+{}_4\mathrm{C}_1\left(\frac{2}{3}\right)^1\left(\frac{1}{3}\right)^3\\&=\frac{1}{81}+\frac{8}{81}=\mathbf{\frac{1}{9}}\end{aligned}$$

2

2 枚の硬貨を 1 回投げて，2 枚とも裏になる確率は $\dfrac{1}{4}$ である。

よって，X は二項分布 $B\left(150,\ \dfrac{1}{4}\right)$ に従うから

$$E(X)=150\times\frac{1}{4}=\mathbf{\frac{75}{2}}$$

$$V(X)=150\times\frac{1}{4}\times\left(1-\frac{1}{4}\right)=\mathbf{\frac{225}{8}}$$

$$\sigma(X)=\sqrt{\frac{225}{8}}=\mathbf{\frac{15\sqrt{2}}{4}}$$

3

この種を 300 個まいたとき，発芽する確率は $\dfrac{3}{4}$ であるから，X は二項分布 $B\left(300,\ \dfrac{3}{4}\right)$ に従う。

よって，X の期待値，分散，標準偏差は

$$E(X)=300\times\frac{3}{4}=\mathbf{225}$$

$$V(X)=300\times\frac{3}{4}\times\left(1-\frac{3}{4}\right)=\mathbf{\frac{225}{4}}$$

$$\sigma(X)=\sqrt{\frac{225}{4}}=\mathbf{\frac{15}{2}}$$

4

(1)　$P(0\leqq Z\leqq 0.87)=\mathbf{0.3078}$

(2)　$P(-0.25\leqq Z\leqq 0)=P(0\leqq Z\leqq 0.25)$
$=\mathbf{0.0987}$

(3)　$P(-1.43\leqq Z\leqq 0.76)$
$=P(-1.43\leqq Z\leqq 0)+P(0\leqq Z\leqq 0.76)$
$=P(0\leqq Z\leqq 1.43)+P(0\leqq Z\leqq 0.76)$
$=0.4236+0.2764=\mathbf{0.7000}$

(4)　$P(0.62\leqq Z\leqq 1.73)$
$=P(0\leqq Z\leqq 1.73)-P(0\leqq Z\leqq 0.62)$
$=0.4582-0.2324=\mathbf{0.2258}$

5

$Z=\dfrac{X-55}{20}$ とおくと，Z は標準正規分布 $N(0,\ 1)$ に従う。

(1)　$X=45$ のとき　$Z=\dfrac{45-55}{20}=-0.5$

$X=55$ のとき　$Z=\dfrac{55-55}{20}=0$ であるから

$$\begin{aligned}P(45\leqq X\leqq 55)&=P(-0.5\leqq Z\leqq 0)\\&=P(0\leqq Z\leqq 0.5)=\mathbf{0.1915}\end{aligned}$$

(2)　$X=60$ のとき　$Z=\dfrac{60-55}{20}=0.25$ であるから

$$\begin{aligned}P(60\leqq X)&=P(0.25\leqq Z)\\&=P(0\leqq Z)-P(0\leqq Z\leqq 0.25)\\&=0.5-0.0987=\mathbf{0.4013}\end{aligned}$$

6

得点を X 点とすると，X は正規分布 $N(50,\ 10^2)$ に従う。

$Z=\dfrac{X-50}{10}$ とおくと，Z は標準正規分布 $N(0,\ 1)$ に従う。

$X=70$ のとき　$Z=\frac{70-50}{10}=2$ であるから

$P(70 \leqq X)=P(2 \leqq Z)$
$=P(0 \leqq Z)-P(0 \leqq Z \leqq 2)$
$=0.5-0.4772=0.0228$

よって，得点が 70 点以上の人は**およそ 2.3%** いる。

7

目の和が 4 以下になる回数を X とすると，X は二項分布 $B\left(180,\ \frac{1}{6}\right)$ に従う。X の期待値 m と標準偏差 σ は

$$m=180\times\frac{1}{6}=30$$

$$\sigma=\sqrt{180\times\frac{1}{6}\times\left(1-\frac{1}{6}\right)}=\sqrt{25}=5$$

よって，$Z=\frac{X-30}{5}$ とおくと，Z は近似的に標準正規分布 $N(0,\ 1)$ に従う。

$X=23$ のとき　$Z=\frac{23-30}{5}=-1.4$

したがって

$P(X \leqq 23)=P(Z \leqq -1.4)$
$=P(1.4 \leqq Z)$
$=P(0 \leqq Z)-P(0 \leqq Z \leqq 1.4)$
$=0.5-0.4192$
$=\mathbf{0.0808}$

21　母集団と標本（p.54）

例56

ア　125　　**イ**　60

例57

ア　2　　**イ**　1　　**ウ**　1

60

復元抽出では

$9^2=\mathbf{81}$ **(通り)**

非復元抽出では

${}_9P_2=9\times8=\mathbf{72}$ **(通り)**

61

X の母集団分布は次の表のようになる。

X	1	2	3	計
P	$\frac{5}{10}$	$\frac{4}{10}$	$\frac{1}{10}$	1

よって

$$m=1\cdot\frac{5}{10}+2\cdot\frac{4}{10}+3\cdot\frac{1}{10}=\mathbf{\frac{8}{5}}$$

$$\sigma^2=\left(1^2\cdot\frac{5}{10}+2^2\cdot\frac{4}{10}+3^2\cdot\frac{1}{10}\right)-\left(\frac{8}{5}\right)^2=\mathbf{\frac{11}{25}}$$

$$\sigma=\sqrt{\frac{11}{25}}=\mathbf{\frac{\sqrt{11}}{5}}$$

62

X の母集団分布は次の表のようになる。

X	-1	1	計
P	$\frac{5}{9}$	$\frac{4}{9}$	1

よって

$$m=-1\cdot\frac{5}{9}+1\cdot\frac{4}{9}=\mathbf{-\frac{1}{9}}$$

$$\sigma^2=\left\{(-1)^2\cdot\frac{5}{9}+1^2\cdot\frac{4}{9}\right\}-\left(-\frac{1}{9}\right)^2=\mathbf{\frac{80}{81}}$$

$$\sigma=\sqrt{\frac{80}{81}}=\mathbf{\frac{4\sqrt{5}}{9}}$$

22　標本平均の分布（p.56）

例58

ア　3　　**イ**　1

例59

ア　0.9104

63

X の母集団分布は次の表のようになる。

X	1	2	3	4	計
P	$\frac{1}{10}$	$\frac{2}{10}$	$\frac{3}{10}$	$\frac{4}{10}$	1

ゆえに，母平均 m と母標準偏差 σ は

$$m=1\cdot\frac{1}{10}+2\cdot\frac{2}{10}+3\cdot\frac{3}{10}+4\cdot\frac{4}{10}=3$$

$$\sigma=\sqrt{\left(1^2\cdot\frac{1}{10}+2^2\cdot\frac{2}{10}+3^2\cdot\frac{3}{10}+4^2\cdot\frac{4}{10}\right)-3^2}=1$$

よって

$$E(\overline{X})=m=\mathbf{3},\ \sigma(\overline{X})=\frac{\sigma}{\sqrt{2}}=\frac{1}{\sqrt{2}}=\mathbf{\frac{\sqrt{2}}{2}}$$

64

得点の標本平均を $\overline{X}$ とすると，$\overline{X}$ は正規分布 $N\left(50,\ \frac{20^2}{100}\right)$ すなわち，正規分布 $N(50,\ 2^2)$ に従うとみなせる。

よって　$Z=\frac{\overline{X}-50}{2}$ とおくと，Z は標準正規分布 $N(0,\ 1)$ に従う。

$\overline{X}=46$ のとき　$Z=-2$，$\overline{X}=54$ のとき　$Z=2$ であるから

$P(46 \leqq \overline{X} \leqq 54)=P(-2 \leqq Z \leqq 2)$
$=2\times P(0 \leqq Z \leqq 2)$
$=2\times0.4772$
$=\mathbf{0.9544}$

23　母平均の推定，母比率の推定（p.58）

例60

ア　44.1　　**イ**　47.1

例61

ア　60.9　　**イ**　61.7

例62

ア　0.02　　**イ**　0.06

65

$1.96\times\frac{8.0}{\sqrt{144}}\fallingdotseq1.3$ であるから，

信頼度 95% の信頼区間は

$38-1.3\leqq m\leqq38+1.3$ より

$\boldsymbol{36.7\leqq m\leqq39.3}$

66

母標準偏差 σ のかわりに標本の標準偏差 4.0 を用いる。

標本の大きさ $n=100$ であるから

$1.96\times\frac{4.0}{\sqrt{100}}\fallingdotseq0.8$

標本平均 $\overline{X}=51.0$ より，母平均 m に対する信頼度 95% の信頼区間は

$51.0-0.8\leqq m\leqq51.0+0.8$

すなわち　$50.2\leqq m\leqq51.8$

よって，A 社の石けんの重さの平均値は，信頼度 95% で **50.2 g 以上 51.8 g 以下**と推定される。

67

標本の大きさ $n=300$

標本比率 $\overline{p}=\frac{75}{300}=0.25$

であるから，$1.96\times\sqrt{\frac{0.25\times0.75}{300}}\fallingdotseq0.05$

よって，母比率 p の信頼度 95% の信頼区間は

$0.25-0.05\leqq p\leqq0.25+0.05$

すなわち　$0.20\leqq p\leqq0.30$

したがって，このさいころの 1 の目が出る比率は，信頼度 95% で **0.20 以上 0.30 以下**と推定される。

24　仮説検定 (1) (p.60)

例 63

ア　いえる

例 64

ア　いえる

68

帰無仮説は「10 本のくじの中に，当たりは 3 本だけ入っている」であり，対立仮説は「10 本のくじの中に，当たりは 3 本だけではない」である。

$P(X\geqq6)$

$=0.01000+0.00122+0.00007$

$=0.01129<0.05$

したがって，復元抽出で 1 本ずつ 8 回くじを引いて，6 回以上当たりを引いたとき，帰無仮説は棄却され，対立仮説が正しいと判断できる。

すなわち，**「10 本のくじの中に，当たりは 3 本だけ入っている」は誤りといえる。**

69

帰無仮説を「A 店の平均時間は，グループ全体の平均時間と比べて違いがない」とする。

帰無仮説が正しければ，A 店の注文を受けてから商品を渡すまでの時間 X 分は，正規分布 $N(5,\ 1^2)$ に従う。

このとき，標本平均 $\overline{X}$ は正規分布 $N\left(5,\ \frac{1^2}{16}\right)$ に従う。

よって，有意水準 5% の棄却域は

$\overline{X}\leqq5-1.96\times\frac{1}{\sqrt{16}},\ 5+1.96\times\frac{1}{\sqrt{16}}\leqq\overline{X}$

より　$\overline{X}\leqq4.51,\ 5.49\leqq\overline{X}$

$\overline{X}=5.5$ は棄却域に入るから，帰無仮説は棄却される。

すなわち，**A 店の平均時間は，グループ全体の平均時間と比べて違いがあるといえる。**

25　仮説検定 (2) (p.62)

例 65

ア　60.3　　　**イ**　89.7

ウ　いえる

70

帰無仮説を「この日の機械には異常がない」とする。帰無仮説が正しければ，1 つの製品が不良品となる確率は $\frac{1}{50}$ である。ここで，無作為抽出して調べた 400 個の製品中に含まれる不良品の個数を X とすると，X は二項分布 $B\left(400,\ \frac{1}{50}\right)$ に従う。

ゆえに，X の期待値 m と標準偏差 σ は

$m=400\times\frac{1}{50}=8,\ \sigma=\sqrt{400\times\frac{1}{50}\times\frac{49}{50}}=2.8$

であるから，X は近似的に正規分布 $N(8,\ 2.8^2)$ に従う。

よって，有意水準 5% の棄却域は

$X\leqq8-1.96\times2.8,\ 8+1.96\times2.8\leqq X$

より　$X\leqq2.512,\ 13.488\leqq X$

$X=15$ は棄却域に入るから，帰無仮説は棄却される。

すなわち，**この日の機械には異常があるといえる。**

確 認 問 題 6 (p.63)

1

X の母集団分布は次の表のようになる。

X	1	2	3	計
P	$\frac{1}{5}$	$\frac{2}{5}$	$\frac{2}{5}$	1

ゆえに，母平均 m と母標準偏差 σ は

$m=1\cdot\frac{1}{5}+2\cdot\frac{2}{5}+3\cdot\frac{2}{5}=\frac{11}{5}$

$\sigma=\sqrt{\left(1^2\cdot\frac{1}{5}+2^2\cdot\frac{2}{5}+3^2\cdot\frac{2}{5}\right)-\left(\frac{11}{5}\right)^2}=\frac{\sqrt{14}}{5}$

よって

$E(\overline{X})=m=\boldsymbol{\frac{11}{5}},\ \sigma(\overline{X})=\frac{\sigma}{\sqrt{2}}=\frac{\sqrt{14}}{5\sqrt{2}}=\boldsymbol{\frac{\sqrt{7}}{5}}$

2

得点の標本平均を $\overline{X}$ とすると，$\overline{X}$ は正規分布 $N\left(50,\ \frac{10^2}{25}\right)$

すなわち，正規分布 $N(50,\ 2^2)$ に従うとみなせる。

よって　$Z=\dfrac{\overline{X}-50}{2}$ とおくと，Z は標準正規分布 $N(0,\ 1)$ に従う。

$\overline{X}=48$ のとき　$Z=-1$ であるから

$$\begin{aligned}P(\overline{X}\leqq 48)&=P(Z\leqq -1)\\&=P(1\leqq Z)\\&=P(0\leqq Z)-P(0\leqq Z\leqq 1)\\&=0.5-0.3413\\&=\mathbf{0.1587}\end{aligned}$$

3

$1.96\times\dfrac{8.8}{\sqrt{121}}\fallingdotseq 1.6$ であるから，

信頼度 95 % の信頼区間は

$32.0-1.6\leqq m\leqq 32.0+1.6$ より

$\mathbf{30.4\leqq m\leqq 33.6}$

4

標本の大きさ $n=350$

標本比率 $\overline{p}=\dfrac{252}{350}=0.72$

であるから，$1.96\times\sqrt{\dfrac{0.72\times 0.28}{350}}\fallingdotseq 0.047$

よって，母比率 p の信頼度 95％ の信頼区間は

$0.72-0.047\leqq p\leqq 0.72+0.047$

すなわち　$0.673\leqq p\leqq 0.767$

したがって，この政策に賛成する割合は，信頼度 95％ で **0.673 以上 0.767 以下**と推定される。

5

帰無仮説を「発芽率は 80％ である」とする。帰無仮説が正しければ，1 つの種子が発芽する確率は $\dfrac{4}{5}$ である。ここで，種子 100 個を植えたとき，発芽する種子の数を X とすると，X は二項分布 $B\left(100,\ \dfrac{4}{5}\right)$ に従う。

ゆえに，X の期待値 m と標準偏差 σ は

$m=100\times\dfrac{4}{5}=80,\ \sigma=\sqrt{100\times\dfrac{4}{5}\times\dfrac{1}{5}}=4$

であるから，X は近似的に正規分布 $N(80,\ 4^2)$ に従う。

よって，有意水準 5％ の棄却域は

$X\leqq 80-1.96\times 4,\ 80+1.96\times 4\leqq X$

より　$X\leqq 72.16,\ 87.84\leqq X$

$X=73$ は棄却域に入らないから，帰無仮説は棄却されない。

すなわち，**この種子の宣伝は正しいとも正しくないともいえない**。

TRY *PLUS* (p.65)

問3

母比率を p，標本比率を $\overline{p}$ とすると，

$\overline{p}=p=0.8$ とみなせるから，母比率 p に対する信頼度 95％ の信頼区間は

$0.8-1.96\sqrt{\dfrac{0.8\times 0.2}{n}}\leqq p\leqq 0.8+1.96\sqrt{\dfrac{0.8\times 0.2}{n}}$

より，信頼区間の幅は

$2\times 1.96\sqrt{\dfrac{0.8\times 0.2}{n}}$

よって　$2\times 1.96\sqrt{\dfrac{0.8\times 0.2}{n}}\leqq 0.02$

より　$\sqrt{n}\geqq\dfrac{2\times 1.96\sqrt{0.8\times 0.2}}{0.02}$

$\sqrt{n}\geqq 78.4$

$n\geqq 6146.56$

したがって，標本の大きさを **6147 以上**にすればよい。

24(02)